普通高等教育计算机系列教材

大学计算机实验指导与习题集（Windows 10+Office 2016）

贺忠华 黄银娟 主 编

吴淑青 韦修喜 廖海红 卢凤兰 副主编

電子工業出版社

Publishing House of Electronics Industry

北京 • BEIJING

内 容 简 介

本书是与《大学计算机（Windows 10+Office 2016）》配套使用的线下学习实验教材，是编者多年教学实践经验的总结。全书内容分为两部分：第 1 部分是实验指导，第 2 部分是习题集。本书对各实验任务给出了详细的操作要点并配有图例说明，部分实验提供了二维码，可观看教学视频，学生通过上机可以边练习、边学习实践。在每个实验的最后提供自我训练题目，供学生复习和检验掌握的知识，提高学生的实际操作能力，培养基本技能。

本书面向应用，重视操作能力和综合应用能力的培养，可作为高校各专业计算机基础课的教材，也可作为各级计算机基础知识的培训教材和自学参考书。

图书在版编目（CIP）数据

大学计算机实验指导与习题集：Windows 10+Office 2016 / 贺忠华，黄银娟主编. —北京：电子工业出版社，2020.8

ISBN 978-7-121-39437-9

Ⅰ. ①大… Ⅱ. ①贺… ②黄… Ⅲ. ①Windows 操作系统－高等学校－教材②办公自动化－应用软件－高等学校－教材 Ⅳ. ①TP316.7②TP317.1

中国版本图书馆 CIP 数据核字（2020）第 156242 号

责任编辑：徐建军　　文字编辑：赵云峰
印　　刷：三河市华成印务有限公司
装　　订：三河市华成印务有限公司
出版发行：电子工业出版社
　　　　　北京市海淀区万寿路 173 信箱　邮编 100036
开　　本：787×1 092　1/16　印张：10.5　字数：268.8 千字
版　　次：2020 年 8 月第 1 版
印　　次：2021 年 2 月第 2 次印刷
印　　数：4001～6000 册　　定价：30.00 元

凡所购买电子工业出版社图书有缺损问题，请向购买书店调换。若书店售缺，请与本社发行部联系，联系及邮购电话：（010）88254888，88258888。

质量投诉请发邮件至 zlts@phei.com.cn，盗版侵权举报请发邮件至 dbqq@phei.com.cn。

本书咨询联系方式：（010）88254570，xujj@phei.com.cn。

前言
Preface

构建线上理论学习为主，线下重点培养实践能力，线上线下相互融合的计算机基础教学体系是许多高校计算机基础课程教学改革的重要方向。线下实验环节实施的好坏直接影响该门课程的教学质量。为此，我们编写了《大学计算机实验指导与习题集（Windows 10+Office 2016）》，本书可作为大学计算机基础课程的线下教材使用，与线上学习的教材《大学计算机（Windows 10+Office 2016）》（978-7-121-39352-5）配套，也可单独使用。

本书分 7 章共 16 个实验，实验内容与《大学计算机（Windows 10+Office 2016）》中的教学目标相对应，通过上机实验，将计算机基础知识与操作有机结合在一起，不仅有利于快速掌握计算机操作技能，而且加深了对计算机基础知识的理解，从而达到巩固理论教学、强化操作技能的目的。每个实验包括：

- 实验目的：概括章节知识点。
- 实验内容：精选章节的知识点设置任务，突出教学重点和难点。以操作要点的形式，给出详细的操作步骤，并配有图例说明，指导学生独立完成。部分实验以二维码形式给出教学视频。
- 自我训练：复习和加深实验内容，自我训练只给出任务，检验学生的实际操作能力。

实验内容中给出了详细的步骤，以满足初学者的要求。这些步骤仅供参考，读者不要受其束缚，完成上机实验的方法很多，关键是要抓住重点，开拓思路，提高分析问题、解决问题的能力。

为此，我们在大部分章节后配有习题或综合练习，基本覆盖了计算机基础理论主要知识点，帮助学生加深对基础知识的理解，强化操作技能。教师可以选择其中的一部分作为课外练习，或作为参加全国计算机等级考试（NCRE）的考前练习。附录 A 提供了 8 套全国计算机等级考试（一级）机试模拟训练题；附录 B 提供了各章的习题参考答案，便于练习后参考。

本书由贺忠华、黄银娟担任主编，并负责全书的总体策划与统稿工作，由吴淑青、韦修喜、 廖海红、卢凤兰担任副主编。第 1、2 章由黄银娟和李永胜编写；第 3 章和习题 3 由黄银娟和廖海红编写；第 4 章和习题 2 由卢凤兰和黄银娟编写；第 5 章、习题 5

和习题 7 由贺忠华和黄银娟编写；第 6 章、习题 1、习题 4 和习题 6 由吴淑青编写，第 7 章由韦修喜编写，附录 A 由黄银娟和贺忠华编写。本书在编写过程中，参考了大量文献资料，在此向这些文献资料的作者深表感谢。

教材建设是一项系统工程，需要在实践中不断加以完善及改进，同时，由于时间仓促、编者水平有限，书中难免存在疏漏和不足之处，敬请同行专家和广大读者给予批评和指正。

编　者

目录
Contents

第 1 部分　实验指导 …… (1)
第 1 章　上机基础实验 …… (2)
实验　上网基本操作 …… (2)
一、实验目的 …… (2)
二、实验内容 …… (2)
三、自我训练 …… (5)
第 2 章　计算机系统组成实验 …… (6)
实验　计算机软、硬件系统入门 …… (6)
一、实验目的 …… (6)
二、实验内容 …… (6)
三、自我训练 …… (9)
第 3 章　Windows 10 操作系统实验 …… (10)
实验 1　Windows 10 系统的基本操作和程序管理 …… (10)
一、实验目的 …… (10)
二、实验内容 …… (10)
三、自我训练 …… (15)
实验 2　Windows 10 系统文件和磁盘的管理 …… (16)
一、实验目的 …… (16)
二、实验内容 …… (16)
三、自我训练 …… (19)
第 4 章　Word 2016 文字处理软件实验 …… (21)
实验 1　文档的基本操作和排版 …… (21)
一、实验目的 …… (21)
二、实验内容 …… (21)
三、自我训练 …… (25)
实验 2　表格的制作与修饰 …… (26)

一、实验目的……（26）
二、实验内容……（26）
三、自我训练……（29）
实验 3 图文混排……（29）
一、实验目的……（29）
二、实验内容……（29）
三、自我训练……（32）
实验 4 Word 进阶应用……（33）
一、实验目的……（33）
二、实验内容……（33）
三、自我训练……（36）
第 5 章 Excel 2016 电子表格处理软件实验……（38）
实验 1 Excel 工作表的基本操作……（38）
一、实验目的……（38）
二、实验内容——制作“学生成绩表”……（38）
三、自我训练……（41）
实验 2 Excel 的图表化……（42）
一、实验目的……（42）
二、实验内容……（42）
三、自我训练……（43）
实验 3 Excel 工作表数据的排序、筛选和分类汇总……（44）
一、实验目的……（44）
二、实验内容……（44）
三、自我训练……（47）
实验 4 Excel 提高实验……（48）
一、实验目的……（48）
二、实验内容……（48）
第 6 章 PowerPoint 2016 演示文稿实验……（51）
实验 1 PowerPoint 的基本操作……（51）
一、实验目的……（51）
二、实验内容……（51）
三、自我训练——制作“个人简介”演示文稿……（52）
实验 2 PowerPoint 的高级操作……（53）
一、实验目的……（53）
二、实验内容……（53）
三、自我训练——对“个人简介”演示文稿进行相关设置……（57）
第 7 章 网络与信息安全实验……（58）
实验 1 网络命令、邮件发送与杀毒软件的使用……（58）
一、实验目的……（58）

二、实验内容 …… (58)
三、自我训练 …… (65)
实验 2 网络设置与资源共享 …… (65)
一、实验目的 …… (65)
二、实验内容 …… (66)
三、自我训练 …… (70)
第 2 部分 习题集 …… (72)
习题 1 计算机概论 …… (73)
习题 2 计算机系统组成 …… (79)
习题 3 Windows 10 操作系统实验 …… (87)
习题 4 Word 文字处理 …… (102)
习题 5 Excel 电子表格 …… (109)
习题 6 多媒体技术 …… (116)
习题 7 计算机网络与信息安全 …… (123)
附录 A 全国计算机等级考试（一级）训练题 …… (135)
附录 A.1 训练题 1 …… (135)
附录 A.2 训练题 2 …… (137)
附录 A.3 训练题 3 …… (139)
附录 A.4 训练题 4 …… (141)
附录 A.5 训练题 5 …… (143)
附录 A.6 训练题 6 …… (145)
附录 A.7 训练题 7 …… (148)
附录 A.8 训练题 8 …… (150)
附录 B 习题参考答案 …… (153)
习题 1 计算机概论参考答案 …… (153)
习题 2 计算机系统组成参考答案 …… (154)
习题 3 Windows 10 操作系统实验参考答案 …… (154)
习题 4 Word 文字处理参考答案 …… (155)
习题 5 Excel 电子表格参考答案 …… (155)
习题 6 多媒体技术参考答案 …… (156)
习题 7 计算机网络与信息安全参考答案 …… (156)
参考文献 …… (158)

第 1 部分

实验指导

- 上机基础实验
- 计算机系统组成实验
- Windows 10 操作系统实验
- Word 2016 文字处理软件实验
- Excel 2016 电子表格处理软件实验
- PowerPoint 2016 演示文稿实验
- 网络与信息安全实验

第1章 上机基础实验

本章的学习目的是使学生对计算机基础知识有一个初步的了解，掌握网络知识的初步应用。本章主要内容包括申请免费邮箱、发送电子邮件、下载资料和检索信息等。

实验　上网基本操作

一、实验目的

（1）掌握申请免费邮箱的方法。

（2）掌握发送电子邮件的方法。

（3）学会信息检索。

（4）学会使用下载工具下载资料。

二、实验内容

1. 免费电子邮箱的申请

拥有 QQ 账号的用户可开通 QQ 邮箱，从而拥有腾讯提供的电子邮箱。许多网站提供免费电子邮箱的申请，用户注册后即可拥有电子邮箱，申请免费电子邮箱的常用网站有：

- 163 邮箱：http://email.163.com/。
- 搜狐邮箱：http://mail.sohu.com/。
- 263 邮箱：http://www.263.net/。
- 新浪邮箱：http://mail.sina.com.cn/。

下面以申请 163 免费邮箱为例进行介绍：

（1）登录 http://email.163.com/网站，单击界面中的“注册新账号”按钮。

（2）填写注册新用户的相关内容，单击界面中的“立即注册”按钮。

（3）填写“注册确认”信息后，单击界面中的“确定”按钮。

（4）系统提示注册成功。

（5）在注册成功的页面上单击“进入邮箱”按钮。

（6）进入刚申请的163免费邮箱，在其界面的右上角单击“设置”超链接，进入邮箱设置页面。

（7）在邮箱设置页面单击“客户端设置”超链接，即可获取163免费邮箱的POP3服务器地址 pop.163.com，SMTP 服务器地址 smtp.163.com，IMAP 服务器地址 imap.163.com，以备 Outlook 等软件收、发邮件之用。

2. 发送电子邮件

以使用163免费邮箱发送电子邮件为例进行介绍。用“记事本”创建一个文件，并保存为 D:\yj.txt。

操作要点：

（1）登录 http://email.163.com/网站，输入用户名、密码后，单击界面中的“登录”按钮。

（2）进入邮箱后，单击界面中的“写信”按钮。

（3）依次填写“收件人”“主题”与“内容”如下：

收件人：abc@gxun.edu.cn

主题：邮箱已开通

内容：已收到网易邮件中心的邮箱已开通的通知信息。

（4）单击“添加附件”超链接，在选择文件对话框中选择文件 D:\yj.txt，单击“打开”按钮。

（5）单击界面中的“发送”按钮。

（6）系统提示邮件发送成功。

3. 信息检索

打开百度主页 http://www.baidu.com。

1）基础搜索

输入关键词“南宁”，单击“百度一下”按钮，百度会检索所有符合用户查询条件的资料，并把最相关的网站或资料排在前列。

2）相关检索

首先设置百度的关键词为“微课”，单击“百度一下”按钮，然后在网页下方的“相关搜索”中单击“微课”超链接。

3）减除无关资料式搜索

设置关键词为“广西天气 -（广西旅游）”，单击“百度一下”按钮，即可搜索关于“广西天气”但不含“广西旅游”的资料。

4）在指定网站内搜索

设置关键词为“美食 site:www.163.com”，单击“百度一下”按钮，即可在 www.163.com 网站内搜索和“美食”相关的资料。

5）在标题中搜索

设置关键词为“intitle:洗衣机”，单击“百度一下”按钮，即可搜索标题中含有关键词“洗衣机”的网页。

6）在 URL 中搜索

设置关键词为“inu rl:计算机”，单击“百度一下”按钮，即可搜索 URL 中含有计算机的网页。

7）MP3 搜索

单击百度主页中的“音乐”超链接，出现“千千音乐”的搜索页面，在搜索框中输入关键词“桥边姑娘”，然后按 Enter 键，在弹出的页面中单击“播放”按钮，即可播放该歌曲。

8）视频搜索

单击百度主页中的“视频”超链接，出现视频搜索页面，在百度视频后输入关键词“狼图腾”，按 Enter 键，在弹出的页面中切换到“电影”选项卡，单击“狼图腾”超链接，即可放映电影《狼图腾》。

9）并行搜索

设置关键词为“广西 教育”，单击“百度一下”按钮，即可搜索关于“广西”或“教育”的资料。

4. 使用软件下载资料

目前，下载工具的使用方法大同小异，现以“迅雷”为例练习使用下载工具。

（1）从网上找到资料的下载地址。

（2）直接单击该超链接，迅雷会提示选择存放文件的位置，可以选择默认的目录，选好目录后就开始下载了。

另一种方法是启动迅雷后，复制搜索到的资料的下载地址，然后在迅雷界面中单击新建任务按钮“+”，在打开的对话框中粘贴下载地址即可。

三、自我训练

1）申请一个免费邮箱（例如，申请一个 163 的免费邮箱）。

2）登录邮箱发送邮件，邮件内容如下：

收件人地址：（指定一个正确的邮箱地址，如 abc11322@163.com）

主题：作业

正文如下：

老师：您好！

我的作业在附件里。谢谢！

此 致

敬 礼!

您的学生：王一南

附件：将作业文件作为附件。

3）检索信息。

（1）分别搜索“民族风情”“排球”的网页。

（2）在 URL 中搜索含 quantity 的网页。

4）下载资料。

（1）搜索某部电影，然后观看。

（2）搜索《北方的狼》歌曲，然后下载。

第2章 计算机系统组成实验

本章的学习目的是使学生了解计算机的基本配置、硬件组成和软件系统结构，并能够运用所学知识独立完成计算机硬件配置任务。本章主要内容包括查看计算机的硬件配置及计算机的软件资源，配置一台完整的计算机等。

实验 计算机软、硬件系统入门

一、实验目的

（1）掌握计算机硬件资源的查看方法。
（2）掌握计算机软件资源的查看方法。
（3）掌握一台完整计算机的硬件配置方法。

二、实验内容

本实验将详细查看计算机的软、硬件资源配置，进一步了解计算机的软、硬件系统构成。

1. 查看计算机的硬件配置

（1）打开设备管理器，如图 2-1 所示，其中记录了计算机的各种硬件型号。

操作要点：右击“此电脑”图标，在弹出的快捷菜单中选择“管理”命令，在“计算机管理”窗口中选择左边列表中的“设备管理器”选项，打开“设备管理器”窗口。将需要查看硬件前的“▷”号展开，即可看到该硬件的型号。

DVD/CD-ROM 驱动器型号：________________________________。

处理器（CPU）型号：________________________________。
磁盘驱动器型号：________________________________。
键盘型号：________________________________。
声卡型号：________________________________。
鼠标型号：________________________________。
网卡（网络适配器）型号：________________________________。
显卡型号：________________________________。

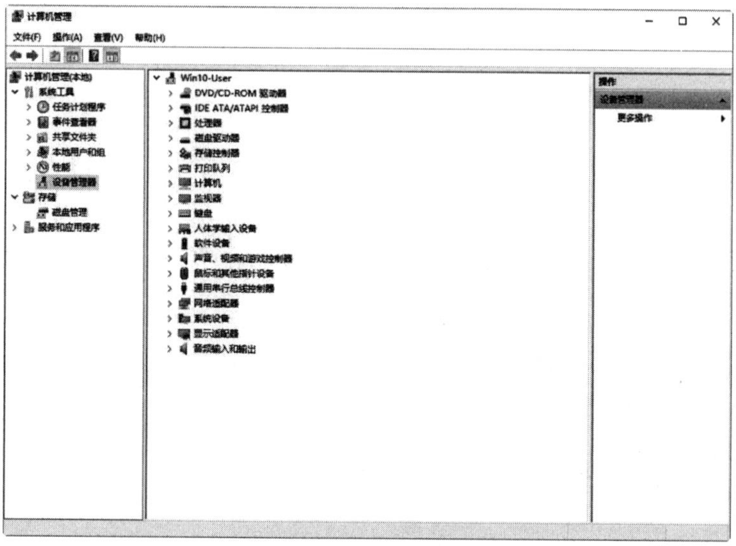

图 2-1　“设备管理器”窗口

（2）打开磁盘管理窗口，如图 2-2 所示，其中记录了磁盘分区情况。

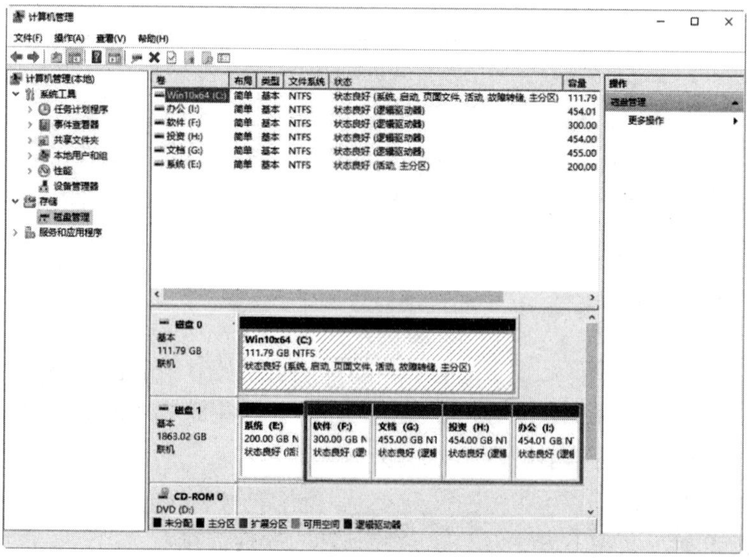

图 2-2　磁盘管理窗口

操作要点：右击“此电脑”图标，在弹出的快捷菜单中选择“管理”命令，在打开的窗口中选择左边列表中的“磁盘管理”选项，在右边窗口显示出磁盘分区情况。

磁盘总容量：________________。

C 盘的可用空间：________________。

C 盘的文件系统类型：________________。

（3）打开“系统”窗口，如图 2-3 所示，其中记录了计算机的内存容量。

图 2-3 “系统”窗口

操作要点：右击“此电脑”图标，在弹出的快捷菜单中选择“属性”命令，打开“系统”窗口，在“系统”下的“安装内存（RAM）”中可查看内存容量。

内存容量：________________。

2. 查看计算机的软件资源

（1）打开“系统”窗口，如图 2-3 所示，其中记录了计算机的操作系统信息。

操作要点：右击“计算机”图标，在弹出的快捷菜单中选择“属性”命令，打开“系统”窗口，在窗口的上方可查看计算机的操作系统信息。

计算机的操作系统：________________，版本：________________。

（2）打开“开始”菜单，其中记录了系统安装的软件信息。

操作要点：选择“开始”→“所有程序”命令，即可查看系统安装的软件信息。

系统安装的系统软件有(至少列举3种)：________________________________。

系统安装的应用软件有(至少列举3种)：________________________________。

三、自我训练

假设要购买一台计算机（总价在 8000 元以内），请将调研的详细硬件配置记录到表 2-1 中。

操作要点：打开 IE 浏览器，进入太平洋电脑网（http://www.pconline.com.cn/）或中关村在线（http://www.zol.com.cn），详细查看想配置的相关硬件信息并记录下来。

表 2-1 硬 件 配 置

配 件	参 数							
CPU	品牌	型号	主频	缓存容量	核心数量	显示核心	包装	价格
主板	品牌	型号	支持的 CPU 类型		板载声卡	芯片组	芯片	价格
内存	品牌	型号	容量		内存类型		主频	价格
硬盘	品牌	型号	容量	转速	缓存容量		接口标准	价格
显示器	品牌	型号	尺寸	分辨率	屏幕比例		点距	价格
光驱	品牌	型号	缓存容量		读取速度	接口类型	类型	价格
显卡	品牌	型号	芯片型号	核心位宽	显卡类型	显卡容量	核心频率	价格
机箱	品牌	型号	标配电源		兼容主板		尺寸	价格
电源	品牌	型号	额定功率		适用 CPU		标准	价格
键鼠套装	品牌	型号	鼠标类型		键盘型式		鼠标接口	价格
总价格								

第3章 Windows 10 操作系统实验

本章的学习目的是使学生掌握 Windows 10 系统的基本操作，学会磁盘及文件的管理，熟悉控制面板、设置应用程序及常用工具的使用方法。本章主要内容包括任务栏、桌面、附件、控制面板的使用和资源管理器的基本操作等。

实验 1 Windows 10 系统的基本操作和程序管理

一、实验目的

（1）掌握任务栏、桌面、控制面板、设置应用程序和快捷方式图标的基本操作方法。

（2）掌握附件、帮助的使用方法。

二、实验内容

1. 任务栏的设置

（1）添加微软拼音输入法。

操作要点：单击任务栏上的输入法图标，单击“语言首选项”→“中文（中华人民共和国）”→“选项”→“添加键盘”→“微软拼音”，如图 3-1 所示。

（2）为微软拼音输入法设置模糊拼音属性。

操作要点：单击任务栏上的输入法图标，单击“语言首选项”→“中文（中华人民共和国）”→“选项”→“微软拼音”→“选项”→“常规”→“模糊拼音”→“开”，如图 3-2 所示。

（3）自动隐藏或显示任务栏。

操作要点：右击任务栏空白处，在弹出的快捷菜单中选择“任务栏设置”命令，在打开的“任务栏设置”窗口中，设置“在桌面模式下自动隐藏任务栏”选项为“开”，如图 3-3 所示。

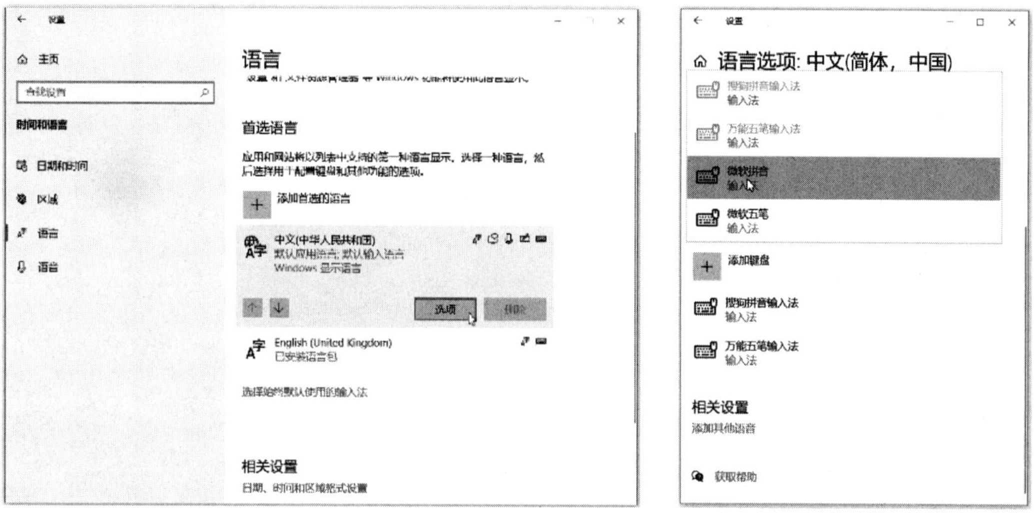

图 3-1　添加微软拼音输入法

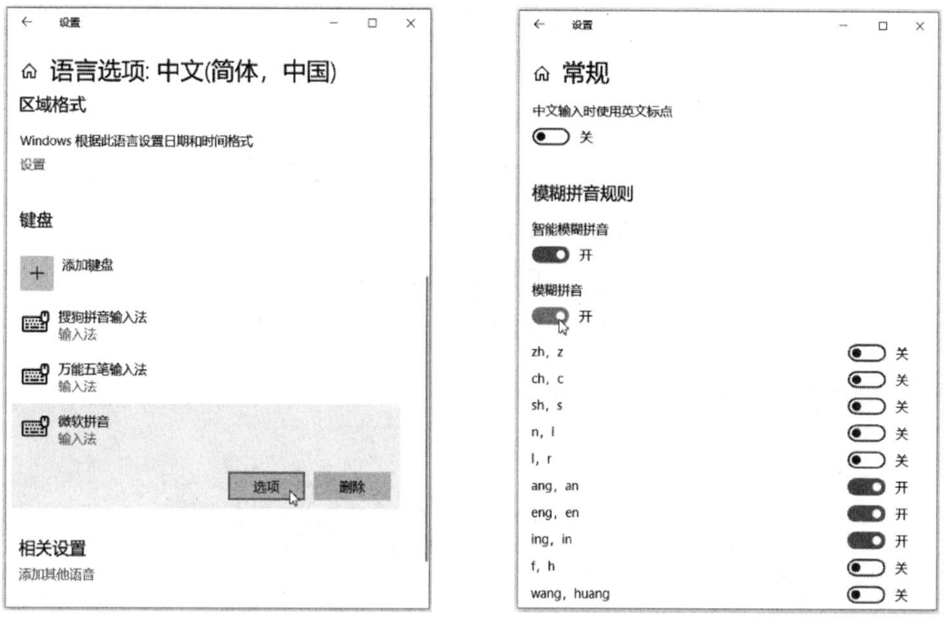

图 3-2　设置模糊拼音属性

2. 桌面的设置

（1）打开并观察“个性化”窗口。

操作要点：右击桌面空白处，在弹出的快捷菜单中选择“个性化”命令，打开“个性化”窗口，如图 3-4 所示。

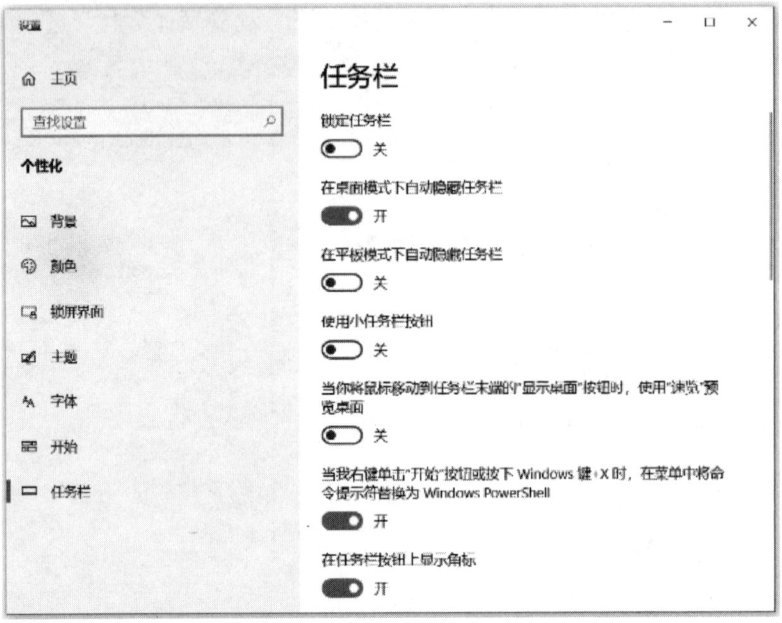

图 3-3 “任务栏设置”窗口

图 3-4 “个性化”窗口

（2）设置桌面背景。

操作要点：在图 3-4 所示的“个性化”窗口中单击“选择图片”下方的背景图片，或单击“浏览”按钮选择所需的图片作为桌面背景，单击“选择契合度”下拉列表选择所需的契合度。

（3）显示或隐藏桌面上的“计算机”“网络”“回收站”等系统图标。

操作要点：在图 3-4 所示的“个性化”窗口中选择“主题”→“桌面图标设置”命令，在打开的对话框中选择所需显示的系统图标，单击“确定”按钮完成设置。

3. 快捷方式的操作

（1）为“控制面板”中的“系统”选项在桌面上创建快捷方式。

操作要点：选择“开始”→“Windows 系统”→“控制面板”命令，打开“控制面板”窗口，设置查看方式为“大（小）图标”。可以用以下两种方法创建快捷方式：方法一是把“系统”图标直接拖动到桌面上；方法二是右击“系统”图标，在弹出的快捷菜单中选择“创建快捷方式”命令。

（2）为 C:\Program Files 文件夹在桌面上创建快捷方式，命名为“我的程序”。

操作要点：双击“此电脑”图标，双击 C:图标，再右击 Program Files 文件夹，在弹出的快捷菜单中选择“发送到”→“桌面快捷方式”命令。右击新建的快捷方式图标，在弹出的快捷菜单中选择“重命名”命令，输入“我的程序”。使用同样的方法可以为某个文件创建快捷方式。

4. Windows 10 系统自带程序的使用

（1）使用“记事本”程序录入“4×3≠4÷3”，并以 t1.txt 为文件名保存在“文档”中。

操作要点：选择“开始”→“Windows 附件”→“记事本”命令，打开“记事本”窗口，录入文字，选择“文件”→“保存”命令，在打开的“另存为”对话框中进行设置，如图 3-5 所示。

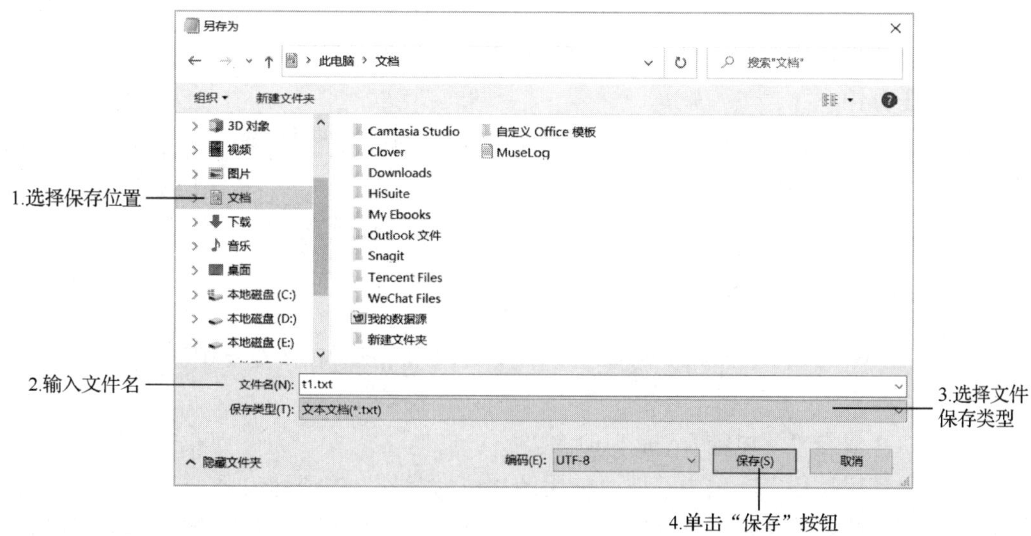

图 3-5 “另存为”对话框

（2）使用“画图”程序绘制一个三角形，用绿色填充，并在其中间写上“三角形”字样，字体为黑体，字号为36磅，黄色加粗，以paint.jpg为文件名保存在“文档”中。

操作要点：选择“开始”→“Windows 附件”→“画图”命令，打开“画图”窗口，绘制图片后，选择“文件”→“保存”命令，在打开的“另存为”对话框中设置相关选项。

（3）使用“写字板”程序建立一个新文件，分别复制整个桌面和当前活动窗口并粘贴到该文件中，并以N1.rtf为文件名保存在“文档”中。

操作要点：选择“开始”→“Windows 附件”→“写字板”命令，打开“写字板”窗口，按PrintScreen键复制整个桌面，右击“写字板”窗口空白处，在弹出的快捷菜单中选择“粘贴”命令，即可将整个桌面粘贴到文件中。按Alt+PrintScreen组合键则可复制当前活动窗口。

5. 控制面板及设置应用程序的使用

（1）打开控制面板，将其查看方式设置为小图标。

操作要点：选择“开始”→“Windows 系统”→“控制面板”命令，单击窗口上方右侧的“查看方式”按钮，在弹出的下拉菜单中选择“小图标”选项。

（2）使用“控制面板”的“鼠标”链接项，将鼠标的指针方案更改为“Windows 黑色（特大）（系统方案）”。

操作要点：单击“控制面板”中的“鼠标”链接项，切换到“指针”选项卡进行设置。

（3）使用“控制面板”的“用户账户”链接项，为本机创建一个新用户Student。

操作要点：单击“控制面板”→“用户账户”→“管理其他账户”→“在电脑设置中添加新用户”→“将其他人添加到这台电脑”→“我没有这个人的登录信息”→“添加一个没有Microsoft账户的用户”，弹出如图3-6所示的窗口，输入用户名Student、密码和提示暗语后，单击“下一步”按钮，即可完成账户的创建。

（4）打开设置应用程序，使用其“个性化”命令，设置屏幕保护程序为“变幻线”，等待时间为1分钟。

操作要点：右击“开始”按钮，在弹出的快捷菜单中选择“设置”命令，即可打开“Windows 设置”窗口，如图3-7所示。单击“个性化”→“锁屏界面”→“屏幕保护程序设置”，在弹出的如图3-8所示的“屏幕保护程序设置”对话框中进行设置。

6. Windows 10 中帮助系统的使用

（1）分别在Windows桌面和资源管理器中按下F1键，查看在浏览器中获取的Windows的帮助信息。

操作要点：双击“此电脑”，按下F1键。

（2）在“使用技巧”应用中获取“使用图片作为背景”的帮助信息。

操作要点：选择“开始”→“使用技巧”命令，打开“使用技巧”窗口，单击窗口右上角的搜索图标，在出现的搜索框中输入“使用图片作为背景”，按Enter键或单击“搜索”按钮🔍进行搜索，单击找到的搜索结果，即可显示其具体内容。

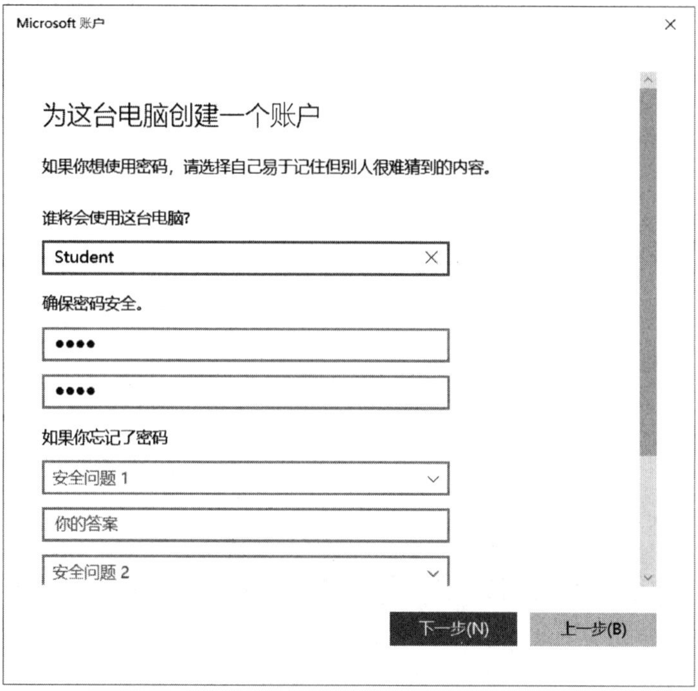

图 3-6　“创建账户”对话框

图 3-7　“Windows 设置”窗口

图 3-8　“屏幕保护程序设置”对话框

三、自我训练

（1）将任务栏的位置设置为屏幕右侧，锁定任务栏，将“合并任务栏按钮”属性设置为“从不”。

（2）显示或隐藏桌面上的所有图标，设置微软拼音为默认使用的输入法。

（3）将 Windows 10 操作系统自带的“计算器”程序固定在任务栏上，并将其固定到“开始”菜单。

（4）设置 Windows 的主题为“鲜花”，标题栏和窗口边框颜色为“红色”。

（5）为 C 盘的“用户”文件夹在桌面创建快捷方式图标，并将该快捷方式图标更改为其他任一图标。

（6）将“文档”中的图片文件 paint.jpg 设置为桌面背景。

（7）查看“控制面板”中的“程序和功能”链接项，观察如何卸载应用程序及打开或关闭 Windows 功能。

（8）查看并记录有关系统信息。

完整的计算机名称：________________________ 。

隶属于的域或工作组：________________________。

实验 2　Windows 10 系统文件和磁盘的管理

一、实验目的

（1）掌握资源管理器的基本操作。

（2）掌握文件和文件夹的常用操作方法。

（3）熟悉碎片整理、剪贴板、任务管理器和 WinRAR 等常用工具的使用方法。

二、实验内容

1. “资源管理器”的使用

（1）将 C 盘的查看方式设置为“详细信息”。

操作要点：双击“此电脑”图标，打开资源管理器，双击 C:图标。

方法 1：在“查看”选项卡的“布局”组中选择“详细信息”命令。

方法 2：右击右窗格空白处，在弹出的快捷菜单中选择“查看”→“详细信息”命令。

（2）将 Windows 主目录的排序方式设置为“类型”。

操作要点：打开 C 盘的 Windows 文件夹。

方法 1：选择“查看”选项卡→“排序方式”→“类型”命令。

方法 2：右击右窗格空白处，在弹出的快捷菜单中选择“排序方式”→“类型”命令。

（3）将上两题中设置好的查看、排序方式应用到所有文件夹。

操作要点：选择“查看”选项卡的“选项”命令，在弹出的“文件夹选项”对话框中进行设置，如图 3-9 所示。

（4）隐藏已知文件类型的扩展名，观察设置前后文件名的变化。

操作要点：双击“此电脑”图标，打开资源管理器。

方法 1：选择“查看”选项卡→“文件扩展名”复选框。

方法 2：选择“查看”选项卡→“选项”命令，在打开的“文件夹选项”对话框中选择“查看”选项卡，选中“隐藏已知文件类型的扩展名”复选框，相关设置如图 3-9 所示。

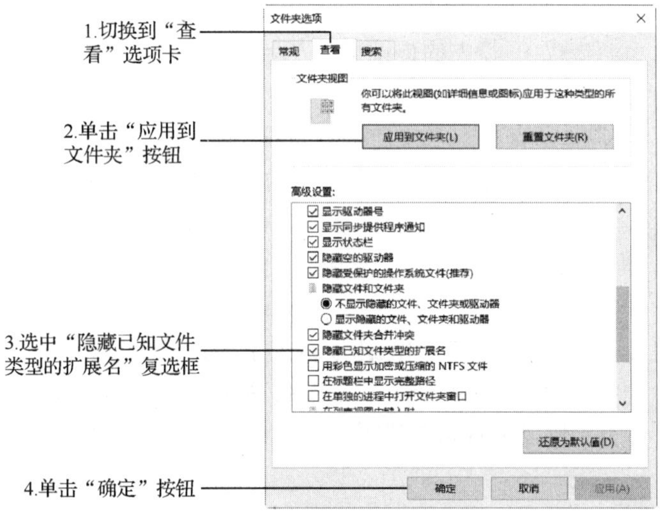

图 3-9 “文件夹选项”对话框

2. 创建文件夹

在 D:\下创建一个文件夹，命名为 TEST。

操作要点：双击“此电脑”，打开 D 盘。

方法 1：选择“主页”选项卡的“新建文件夹”命令，输入文件名。

方法 2：右击右窗格空白处，在弹出的快捷菜单中选择“新建”→“文件夹”命令，输入文件名。

3. 新建文件

在文件夹 TEST 中新建 t1.txt，t1.docx。

操作要点：打开 TEST 文件夹，右击右窗格空白处，在弹出的快捷菜单中选择“新建”→“文本文档”及“Microsoft Word 文档”命令。

4. 文件的复制与移动

（1）将 D:\上机\WIN\HH 文件夹中的所有文件及文件夹复制到 TEST 文件夹中。

操作要点：打开 HH 文件夹，选择“主页”→“全部选择”→“复制”命令，打开 TEST 文件夹，选择“主页”→“粘贴”命令。

（2）将 D:\TEST\AA\A3.xlsx 文件移动至 TEST 文件夹中。

操作要点：打开 AA 文件夹，右击 A3.xlsx，在弹出的快捷菜单中选择“剪切”命令，打开 TEST 文件夹，右击右窗格空白处，在弹出的快捷菜单中选择“粘贴”命令。单击“返回”按钮查看 AA 文件夹中的 A3.xlsx 文件是否还在。

5. 文件的搜索

（1）使用搜索功能查找 C 盘中的位图文件，要求文件大小为“小（16KB—1MB）”。观察除了文件大小还可以设置哪些条件进行查找。

操作要点：打开 C 盘，在窗口右上方的搜索框中输入*.bmp，按 Enter 键进行搜索，再单击“搜索”选项卡中的“大小”选项，在弹出的下拉菜单中选择“小（16KB—1MB）”。

（2）将搜索条件以 S1 为文件名保存到 TEST 文件夹中。

操作要点：单击“搜索”选项卡中的“保存搜索”按钮，在弹出的“另存为”对话框中设置相关选项。

（3）将搜索结果中最小的两个不同文件复制到 TEST 文件夹中。

操作要点：在右窗格空白处右击，在弹出的快捷菜单中选择“排序方式”→“大小”命令，使搜索结果按大小排序，选择最小的两个不同文件复制到 TEST 文件夹中。

6. 文件的重命名

将 TEST 文件夹中的 E1.rtf 重命名为 NEWE1.rtf。

操作要点：右击 E1.rtf 文件，在弹出的快捷菜单中选择“重命名”命令，输入 NEWE1.rtf。

7. 文件的删除与回收站的设置

（1）删除 TEST 文件夹中大小为 0 的文件。

操作要点：打开 TEST 文件夹，右击右窗格空白处，在弹出的快捷菜单中选择“查看”→“详细信息”命令，“排序方式”选择“大小”命令，使大小为 0 的文件全部集中在相邻位置，框选所有大小为 0 的文件，在阴影中右击，在弹出的快捷菜单中选择“删除”命令，或者选择文件后直接按 Delete 键。

（2）进入回收站，将扩展名为.txt 的文件还原，清空回收站。

操作要点：打开“回收站”，右击要恢复的对象，在弹出的快捷菜单中选择“还原”命令，单击“清空回收站”按钮。

（3）永久删除 TEST 文件夹中的 D5.pptx。

操作要点：删除对象时同时按住 Shift 键，则对象被直接删除而不会进入回收站。

（4）查看回收站的属性。

操作要点：右击“回收站”图标，在弹出的快捷菜单中选择“属性”命令。

8. 文件属性的设置

（1）将 TEST 文件夹中的 C1.txt 设置为只读。

操作要点：右击 C1.txt，在弹出的快捷菜单中选择“属性”命令，在“常规”选项卡中选中“只读”复选框。

（2）将 TEST 文件夹中的 H1.txt 设置为隐藏。

操作要点：右击 H1.txt，在弹出的快捷菜单中选择“属性”命令，在“常规”选项卡中选中“隐藏”复选框。需要注意的是，只有在图 3-9 所示的“文件夹选项”对话框中选中了“不显示隐藏的文件、文件夹或驱动器”单选按钮才能做到真正的隐藏，否则只是以灰色显示。

9. 文件（夹）的压缩和解压缩

（1）将 TEST 文件夹（不包括子文件夹）中的所有扩展名为.txt 的文件压缩为 tx1.rar 文件。

操作要点：打开 TEST 文件夹，选择扩展名为.txt 的所有文件，在阴影中右击，在弹出的快捷菜单中选择“添加到压缩文件”命令，在弹出的窗口中设置压缩文件名为 tx1.rar，压缩文件格式为 RAR，其他采用默认选项，最后单击“确定”按钮。

（2）将 D:\TEST\AA\ktx.rar 文件解压缩到 TEST 文件夹中。

操作要点：右击 ktx.rar 文件，在弹出的快捷菜单中选择“解压文件”命令，在弹出的窗口中输入目标路径或在窗口右部选择目标路径为 D:\TEST，其他采用默认选项，最后单击“确定”按钮。

10. Windows 任务管理器的使用

（1）打开并观察“Windows 任务管理器”窗口。

操作要点：右击任务栏空白处，在弹出的快捷菜单中选择“任务管理器”命令。

（2）启动“画图”程序，记录 “画图”程序的进程名称并录入 TEST 文件夹的“进程.txt”中并保存。

操作要点：启动“画图”程序和任务管理器，在“进程”选项卡的应用列表中找到“画图”程序并右击，在弹出的快捷菜单中选择“转到详细信息”命令，查看“画图”程序的进程名称。打开“进程.txt”，输入“画图”程序的进程名。

（3）终止“画图”程序的运行。

操作要点：切换到“进程”选项卡，选中画图程序，单击“结束任务”按钮。

三、自我训练

（1）在 D:\下新建一个文件夹 T，并将 D:\上机\WIN\KK 文件夹中的所有文件及文件夹复制到 T 中。

（2）在 T 中新建一个文件夹 FF，将 T 中扩展名为.doc、.ppt、.xls 和.mdb 的文件复制到文件夹 FF 中。

（3）将 T 中的 images 文件夹中的所有文件命名为 cc(1)，cc(2)，…，cc(5)。

（4）对 T 中的 images 文件夹进行压缩，设置压缩文件名为 images.rar，解压密码为 123。

（5）打开任务管理器，整理自启动程序。

（6）对 D 盘进行碎片整理和磁盘清理。

第 4 章 Word 2016 文字处理软件实验

本章的学习目的是使学生熟练掌握文字处理的基本方法，并能综合运用 Word 软件的功能解决实际问题。本章主要内容包括文档的基本操作和排版、表格的处理、图文混排、长文档的排版等。

实验 1　文档的基本操作和排版

一、实验目的

（1）掌握 Word 文档的创建、保存、另存为与打开的方法。

（2）掌握文档的基本编辑方法，包括文本的选择、删除、修改、插入、复制、移动、撤销和恢复等操作。

（3）掌握文档格式、字符格式、段落格式的设置，以及项目符号设置方法。

（4）掌握字符串的查找与替换方法。

（5）掌握页面的排版方法。

二、实验内容

本实验将编辑与排版一篇文档“云计算”，完成后的文档样张首页如图 4-1 所示。

1．启动 Word 2016

操作要点：双击桌面上的 Word 快捷方式图标，或者单击“开始”按钮，选择 Microsoft Word 2016 命令。

2. 文档的创建、保存与打开

打开 D:\上机\word\W4-1.docx，将该文档以另一个名字 OldW4-1.docx 保存到自己的文件夹中，并将其打开及修改的密码设置为 abc，保存并关闭文件。重新打开文档 W4-1.docx。

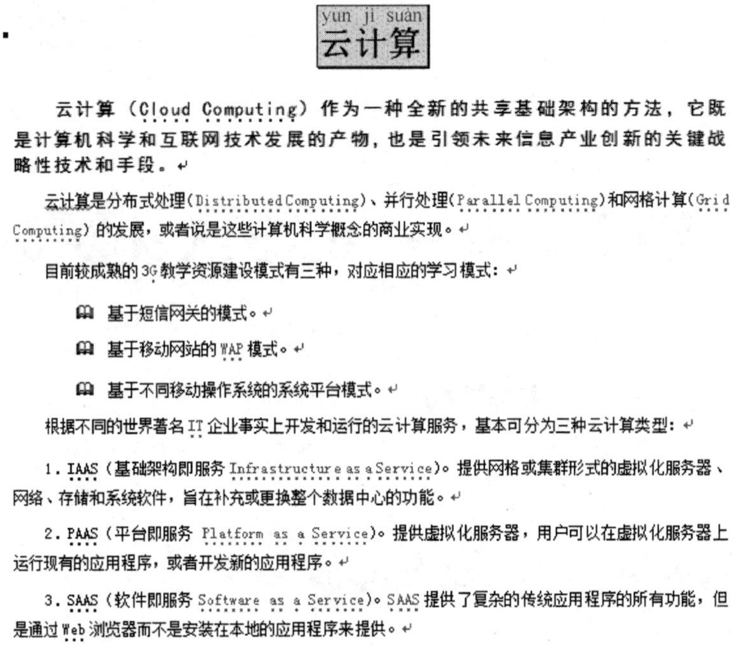

yun ji suàn
云计算

云计算（Cloud Computing）作为一种全新的共享基础架构的方法，它既是计算机科学和互联网技术发展的产物，也是引领未来信息产业创新的关键战略性技术和手段。

云计算是分布式处理（Distributed Computing）、并行处理（Parallel Computing）和网格计算（Grid Computing）的发展，或者说是这些计算机科学概念的商业实现。

目前较成熟的 3G 教学资源建设模式有三种，对应相应的学习模式：

- 基于短信网关的模式。
- 基于移动网站的 WAP 模式。
- 基于不同移动操作系统的系统平台模式。

根据不同的世界著名 IT 企业事实上开发和运行的云计算服务，基本可分为三种云计算类型：

1. IAAS（基础架构即服务 Infrastructure as a Service）。提供网格或集群形式的虚拟化服务器、网络、存储和系统软件，旨在补充或更换整个数据中心的功能。

2. PAAS（平台即服务 Platform as a Service）。提供虚拟化服务器，用户可以在虚拟化服务器上运行现有的应用程序，或者开发新的应用程序。

3. SAAS（软件即服务 Software as a Service）。SAAS 提供了复杂的传统应用程序的所有功能，但是通过 Web 浏览器而不是安装在本地的应用程序来提供。

图 4-1　样张首页

操作要点：

① 选择“文件”→“打开”命令，打开 D:\上机\word\W4-1.docx。

② 选择“文件”→“另存为”命令，在“另存为”对话框中设置文件名为 OldW4-1.docx，单击窗口底部的“工具”按钮 工具(L) ▾，在弹出的下拉菜单中选择“常规选项”，在打开的对话框中输入打开及修改的密码。

3. 文档的基本编辑

（1）为文档添加标题“云计算”，应用“标题 1”样式，并居中。

操作要点：

① 在文档开头按 Enter 键添加空行，定位光标至该行，输入标题。

② 将光标定位至标题，单击“开始”→“样式”，选择“标题 1”样式，单击居中按钮 ≡ 使标题居中。

（2）将文中最后一段按序号分为 3 个自然段。

操作要点：将光标定位到序号前，然后按 Enter 键即可。

（3）文本选择：练习文本选择的 3 种方法，选择文中最后一段。

操作要点：

① 在最后一段的第 1 个字前单击，按住 Shift 键，再在该段的末尾处单击即可。

② 将光标移动到最后一段第 1 行行首的行选择区（最左边），按住鼠标左键往下拖动到最后一行。

③ 直接从最后一段的第 1 个字拖动到最后一个字。

（4）将文中最后两段互换位置，并练习使用“撤销”和“恢复”命令。

操作要点：选择最后一段，在阴影处右击，在弹出的快捷菜单中选择“剪切”命令；将光标定位至倒数第二段段首，右击，在弹出的快捷菜单中选择“粘贴”命令。撤销操作可单击快速访问工具栏中的按钮，重复操作的图标为。

（5）删除红色的段落。

操作要点：选择红色段落后按 Delete 键、Backspace 键或者空格键均可。

（6）将正文第一、二段合为一个段落。

操作要点：将光标定位在第 1 段末尾，按 Delete 键删除段落标记。

4. 格式设置

（1）设置文档格式：选择“文件”→“另存为”命令，单击对话框中的“保存类型”右侧的下三角按钮，观察 Word 可以选择的其他文档格式，关闭对话框。

（2）设置字符格式：设置正文第一段为黑体、小四号、蓝色，字符间距为加宽 1 磅。为标题的“计算”两字加上拼音。

操作要点：

① 选中正文第一段，选择“开始”→“字体”组中相应的格式按钮宋体 (中文正 - 五号 -进行设置，或者单击“格式”→“字体”组右侧的按钮，打开“字体”对话框，选择“字体”选项卡，进行相关设置。

② 在“字体”对话框中，切换到“高级”选项卡，单击“间距”右侧的下三角按钮，在下拉列表中选择“加宽”，在右边的“磅值”微调框中输入 1，单击“确定”按钮。

③ 选中标题的“计算”，单击“开始”→“字体”组中的“拼音指南”按钮，在打开的对话框中进行设置。

（3）设置段落格式：设置正文各段落首行缩进 2 字符，段后 0.5 行，行距为最小值 12 磅。

操作要点：选择标题行以外的所有内容，单击“格式”→“段落”组右侧的按钮，打开“段落”对话框，切换到“缩进和间距”选项卡，在“缩进”选项区域中的“特殊格式”下拉列表中选择“首行缩进”，并设置“磅值”为 2 字符。设置“间距”选项区域中的“段后”为 0.5 行，“行距”为“最小值”，“设置值”为 12 磅，单击“确定”按钮。

（4）设置边框和底纹：给文章标题添加 0.5 磅的蓝色阴影边框，设置背景为黄色，图案样式为 10%的橙色前景色。

操作要点：选择标题，单击“开始”→“段落”→“边框”右侧的下三角按钮，在下拉列表中选择“边框和底纹”命令，弹出“边框和底纹”对话框，在“边框”选项卡中设置下框线，并应用于文字。切换到“底纹”选项卡，填充颜色设置为黄色，设置图案样式为10%，图案颜色为橙色，并应用于文字。

（5）项目符号和编号设置：将原有的①～③序号改为项目符号🕮。

操作要点：选择有序号的3个自然段，单击“开始”→“段落”→“项目符号”右侧的下三角按钮，在下拉列表中选择“定义新项目符号”，在打开的对话框中单击“符号”，“字体”选“Wingdings”，选择第1行第7个符号，单击“确定”按钮。

5. 文本替换与校对

（1）将文中所有的“云算”改为“云计算”。

操作要点：选择“开始”→“编辑”→“替换”命令，在“查找内容”文本框中输入“云算”，在“替换为”文本框中输入“云计算”，单击“全部替换”按钮。

（2）将文中所有的字母更改为红色字母并加着重号。

操作要点：在“查找和替换”对话框中删除上题输入的内容后，按图4-2所示的步骤进行操作。

（3）检查文中是否有拼写错误，如有，将其改正。

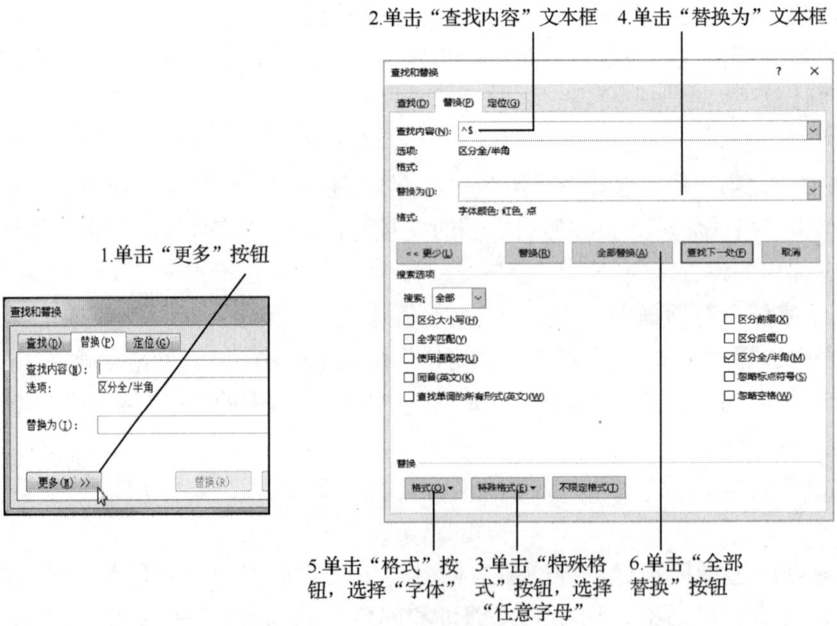

图4-2 “查找和替换”对话框

操作要点：选择“审阅”→“校对”组中的“拼写和语法”命令，对于系统给出的建议若不希望更改，则单击“忽略一次”按钮，否则单击“更改”按钮，或者直接手动编辑错误，直到检查完毕。

6. 页面排版

（1）分页：在文章末尾新建一页。

操作要点：在文章末尾另起一行，选择“插入”→“页面”→“分页”命令。

（2）合并文件：在第 2 页插入文件“D:\上机\word\W4-1A.docx”。

操作要点：单击“插入”→“文本”→“对象”右侧的下三角按钮，在下拉列表中选择“文件中的文字”命令，在“插入文件”对话框中进行相关设置。

（3）将插入的内容分为等宽的两栏，并添加分隔线。

操作要点：选择新插入的内容（最后一行空行不选），单击“布局”→“页面设置”→“分栏”按钮，在下拉列表中选择“更多分栏”命令，在打开的对话框中进行相关设置。

（4）页眉页脚设置：在页眉处输入文本“云计算简介”，在页脚处插入页码并居中，观察页眉页脚在文中的位置。

操作要点：

① 单击“插入”→“页眉和页脚”→“页眉”按钮，在下拉列表中选择“编辑页眉”，进入页眉和页脚编辑模式，在页眉中输入文本。

② 单击“页眉和页脚工具/设计”→“页眉和页脚”→“页码”按钮，在下拉列表中选择“页面底端”，选择“普通数字 2”样式。双击正文可退出页眉和页脚编辑模式，再次双击页眉和页脚，可对它们进行编辑。

（5）设置整篇文档的版面：设置页边距为上、下各 2.5 cm，左、右各 2 cm，纸张大小为 A4。

操作要点：单击“布局”→“页面设置”组右侧的按钮，弹出“页面设置”对话框，分别在“页边距”和“纸张”选项卡中进行设置，最后选择应用于整篇文档。

（6）通过打印预览将显示比例设为 30%，保存文档，退出 Word。

操作要点：选择“文件”→“打印”选项，打开“打印预览”对话框，使用显示比例调节工具进行相应设置。

三、自我训练

打开 D:\上机\word\W4-1B.docx，以其 OldW4-1B.docx 为文件名另存到自己的文件夹中。重新打开 W4-1B.docx，按要求完成下列操作：

（1）为文本添加标题“电脑病毒的预防”，华文彩云，小二号，加粗，居中。

（2）正文各段落左、右各缩进 1 字符，正文行距为 2 倍行距。

（3）将正文第一段设置为首字下沉，下沉行数为 2，距正文 1 cm，为正文第二段添加波浪式的下画线，下画线颜色为绿色。

（4）在文章的末尾插入当天日期，设置日期为右对齐。在页眉处插入“病毒的防治”，居中。在页脚处插入页码，页码样式为加粗显示的数字 1，右对齐。

（5）将文档红色文字部分另起一页，并将第 2 页的纸张大小设置为 16 开，纸张方向为横向，保存文件，退出 Word。

实验 2　表格的制作与修饰

一、实验目的

（1）掌握表格的创建、拆分和合并等方法。

（2）掌握表格内容的输入及格式化方法。

（3）掌握设置表格格式、表格边框与底纹和表格属性等知识。

（4）掌握表格与文本转换的方法。

二、实验内容

新建一个文档，创建如图 4-3 所示的课程表，并以 W4-2.docx 为文件名保存在自己的文件夹中。

<table>
<tr><th colspan="2">星期
时间</th><th>一</th><th>二</th><th>三</th><th>四</th><th>五</th></tr>
<tr><td rowspan="4">上午</td><td>1</td><td rowspan="2">英语</td><td rowspan="2">高数</td><td rowspan="2">马哲</td><td rowspan="2">物理</td><td rowspan="2">高数</td></tr>
<tr><td>2</td></tr>
<tr><td>3</td><td rowspan="2"></td><td rowspan="2"></td><td rowspan="2">英语</td><td rowspan="2">公体</td><td rowspan="2">计算机</td></tr>
<tr><td>4</td></tr>
<tr><td rowspan="4">下午</td><td>5</td><td rowspan="2">马哲</td><td rowspan="2">公体</td><td rowspan="2">计算机</td><td rowspan="2"></td><td rowspan="2">听力</td></tr>
<tr><td>6</td></tr>
<tr><td>7</td><td rowspan="2"></td><td rowspan="2"></td><td rowspan="2"></td><td rowspan="2"></td><td rowspan="2"></td></tr>
<tr><td>8</td></tr>
</table>

图 4-3　课程表样张

1. 创建表格

（1）创建一个 5 行 7 列的表格。

操作要点：可用 3 种方法创建。

① 单击“插入”→“表格”命令，在下拉菜单中选择“插入表格”命令，设置列数为 7，行数为 5。

② 在下拉菜单中的表格网格中从左上角至右下角拖动鼠标，拖出 5 行 7 列的表格后单击。

③ 在下拉菜单中选择“绘制表格”命令，在文中拖动鼠标得到 1 行 1 列的表格后绘制其余的行和列。

（2）练习选择表格的一行、一列、一个单元格和整个表格。

操作要点：可用 2 种方法选择。

① 单击“表格工具/布局”→“表”→“选择”命令，在弹出的下拉列表中选择对应的命令。

② 分别在表格的行首、列头、单元格左侧和表格内移动鼠标，在鼠标指针变为↗、↓、↗、⊞形状时单击。

（3）创建如图 4-3 所示的无规律表格，利用合并、拆分等命令实现。

操作要点：

① 在 5 行 7 列的表格中，选择表格第 1 列的第 2 行和第 3 行两个单元格，单击“表格工具/布局”→“合并”→“合并单元格”命令。再分别将第 1 列的第 4 行和第 5 行合并，第 1 行的第 1 列和第 2 列合并。

② 单击表格第 2 列的第 2 行单元格，单击“表格工具/布局”→“合并”→“拆分单元格”命令，对话框中输入所需的“列数”为 1，“行数”为 2，依次拆分第 2 列的第 3 行，第 4 行，第 5 行，对照样张制作表格。

（4）绘制斜线表头。

操作要点：移动光标到第 1 行第 1 列左下角，单击选中该单元格，在弹出的快捷菜单中单击“边框”→“斜下框线”按钮。录入“星期”，设置“开始”→“段落”→右对齐按钮，回车，再录入“时间”，设置“开始”→“段落”→左对齐按钮。

（5）在表格中输入如图 4-3 所示的文本，设置其对齐方式为水平及垂直方向均居中。

操作要点：输入所有内容，单击表格左上角的⊞，选择整个表格，单击“表格工具/布局”→“对齐方式”命令，选择“水平居中”按钮（注释显示“垂直与水平均居中”）。重新设置表头两行的左右对齐。

2. 表格格式化

（1）设置表格第一行的行高为 2 cm，表格中所有文字格式为宋体、小四号（改变度量单位的方法是直接输入新的单位或者选择“文件”→“选项”→“高级”命令，在“显示”选项区域中进行设置）。

操作要点：将光标定位于此行的任一单元格，选择“表格工具/布局”→“单元格大小”组，在“高度”中输入 2 cm。

（2）将表格的外框线设置为 1.5 磅的绿色双线，内框线设置为 1.5 磅的蓝色单线，并对第 1 行添加背景为浅绿色，图案样式为 10%的底纹。

操作要点：

① 选择整个表格，单击“表格工具/设计”→“边框”右侧的下三角按钮，选择“边框”选项卡，“设置”选“自定义”，“样式”选双线，“颜色”选绿色，“宽度”选 1.5 磅，在“预览”区单击上下左右 4 条线或者对应的按钮。用同样方法设置内框线。

② 选择表格第 1 行，单击“表格工具/设计”→“边框”右侧的下三角按钮，选择“底纹”选项卡，“填充”选浅绿色，“图案样式”选 10%。

（3）在表格上方插入表名“课程表”，设置其格式为加粗、四号字、居中。

操作要点：拖动表格左上角的⊞，将整个表格下移几行，录入表名，设置格式。

3. 表格与文本的转换

（1）将 D:\上机\word\W4-2A.docx 文件中的内容复制到当前文档的末尾。

操作要点：

① 将光标定位到文末，另起一行。

② 单击“插入”→“文本”→“对象”右侧的下三角按钮，在下拉列表中选择“文件中的文字”命令，在对话框中找到 W4-2A.docx 文件，单击“插入”按钮。

（2）将复制的文字内容（除标题外）转换成表格，表格使用自动套用格式“网格表 1 浅色-着色 2”，平均分布表格的各列，设置表名“成绩表”的字体格式为加粗、四号字、居中。

操作要点：

① 选择除标题外的其余行，选择“插入”→“表格”→“文本转换成表格”命令，在弹出的对话框中进行相应的设置。

② 将光标定位于此表格的任一单元格，单击“表格工具/设计”→“表格样式”组中样式库右侧的下拉按钮，在弹出的下拉列表中选择相应的样式。

③ 选择整个表格，单击“表格工具/布局”→“单元格大小”→“分布列”命令。

4. 表格的编辑

（1）表格的删除：将成绩表最后一行删除。

操作要点：将光标定位于最后一行的任一单元格，单击“表格工具/布局”→“行和列”→“删除”→“删除行”。表格的列、单元格、整个表格的删除类似。

（2）表格的插入：在表格“语文”列右侧插入一列并输入文字“计算机 78 90 82”，设置完成的成绩表如表 4-1 所示。

表 4-1 成绩表

姓名	语文	计算机	数学	英语	政治
王飞	73	78	92	68.5	62
赵平	75	90	53	63	86
陈帅	69	82	79	75	77

操作要点：选择表格的语文列，单击“表格工具/布局”→“行和列”→“在右侧插入”命令。表格的行、单元格的插入类似。

三、自我训练

打开 D:\上机\word\W4-2B.docx，将其以 Old4-2B.docx 为文件名另存到自己的文件夹中。重新打开 W4-2B.docx，对表格按图 4-4 所示销售表样张进行设置。

销售表				
名称	第一季度	第二季度	第三季度	第四季度
牙膏	400	200	300	500
牙刷	500	400	500	300
洗发露	600	100	400	200
洗衣粉	300	200	500	700
总计	1800	900	1700	1700

图 4-4　销售表样张

（1）设置表格第一行行高为 30 磅，其余各行行高为 20 磅。

（2）将最后一行拆分为 5 列，平均分布表格的各列，合并表格第一行。

（3）表格使用自动套用格式“网格表 1 浅色-着色 1”，设置表格所有文字为楷体四号字，对齐方式为水平及垂直方向均居中。

（4）计算各季度的销售量总计，并填入表格的总计行中。

实验 3　图文混排

一、实验目的

（1）熟练掌握插入图片（来自文件的图片、联机图片、形状和艺术字）的方法。

（2）学习使用文本框。

（3）学习使用公式编辑器。

（4）熟练掌握编辑图片和通过图片版式设置进行图文混排的方法。

二、实验内容

打开 D:\上机\word\W4-3.docx，将其以 OldW4-3.docx 为文件名保存到自己的文件夹中。重新打开文件 W4-3.docx 并进行下列操作，完成后的效果如图 4-5 所示。

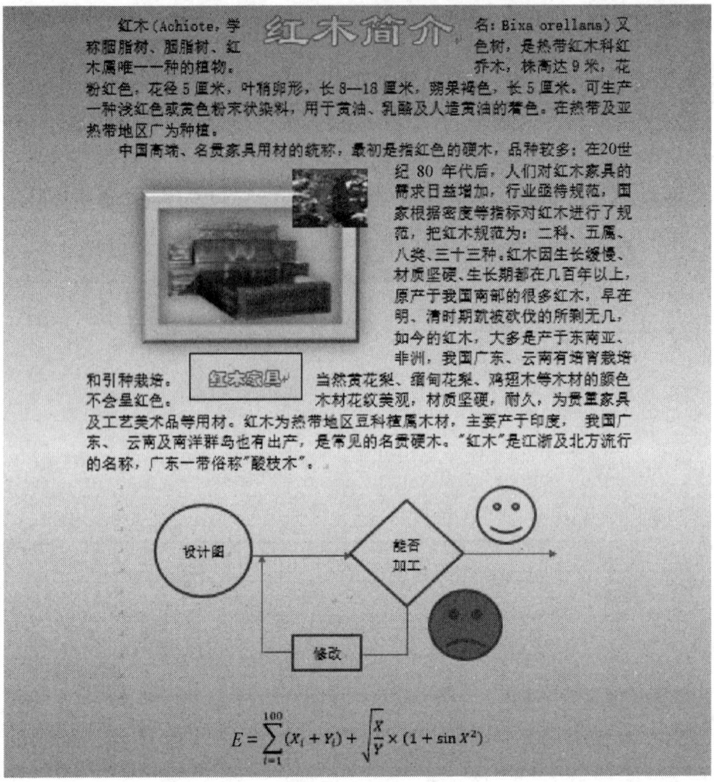

红木简介

红木（Achiote，学名：Bixa orellana）又称胭脂树、胭脂树、红木属唯一一种的植物。色树，是热带红木科红乔木，株高达9米，花粉红色，花径5厘米，叶稍卵形，长8—18厘米，蒴果褐色，长5厘米。可生产一种淡红色或黄色粉末状染料，用于黄油、乳酪及人造黄油的着色。在热带及亚热带地区广为种植。

中国高端、名贵家具用材的统称，最初是指红色的硬木，品种较多；在20世纪80年代后，人们对红木家具的需求日益增加，行业亟待规范，国家根据密度等指标对红木进行了规范，把红木规范为：二科、五属、八类、三十三种。红木因生长缓慢、材质坚硬、生长期都在几百年以上，原产于我国南部的很多红木，早在明、清时期就被砍伐的所剩无几，如今的红木，大多是产于东南亚、非洲，我国广东、云南有培育栽培和引种栽培。当然黄花梨、缅甸花梨、鸡翅木等木材的颜色不会呈红色。木材花纹美观，材质坚硬，耐久，为贵重家具及工艺美术品等用材。红木为热带地区豆科檀属木材，主要产于印度，我国广东、云南及南洋群岛也有出产，是常见的名贵硬木。"红木"是江浙及北方流行的名称，广东一带俗称"酸枝木"。

红木家具

$$E=\sum_{i=1}^{100}(X_i+Y_i)+\sqrt{\frac{X}{Y}}\times(1+\sin X^2)$$

图 4-5　图文混排样张

1. 按样张插入联机图片与来自文件的图片

（1）在正文中插入如图 4-6 所示样张的“树”联机图片。

操作要点：

① 选择“插入”→“插图”→“联机图片”命令，打开“联机图片”窗格。

② 在“输入搜索词”文本框中输入“树”，单击“搜索”按钮，在下方显示的图中单击即可插入该图片。

（2）在正文第二段插入图片 D:\上机\word\红木.jpg。

操作要点：选择“插入”→“插图”→“图片”命令，在对话框中进行相应的设置。

2. 设置图片格式，进行图文混排

（1）改变图片尺寸，将联机图片的高、宽各设置为 2 cm，将图片缩放比例设置为 50%。

操作要点：

① 选择“树”联机图片，选择“图片工具/格式”→“大小”组，输入相应的高度与宽度。这里改变了图片的纵横比，可单击“图片工具/格式”→“大小”组右侧的◲按钮，打开“布局”对话框，单击“锁定纵横比”复选框取消选中。

② 选择红木图片，打开“布局”对话框，设置“缩放”选项区域中的“高度”和“宽

度”均为 50%。

（2）删除图片的背景，设置图片样式为“金属框架”。

操作要点：

① 选择红木图片，选择“图片工具/格式”→“调整”→“删除背景”命令。

② 单击“图片工具/格式”→“图片样式”组中样式库右侧的下拉按钮，在弹出的下拉列表中选择相应的图片样式。

（3）设置图片与联机图片的环绕方式均为四周型，将图片置于底层，按样张调整图片与联机图片的位置。

操作要点：

① 选择红木图片，单击“图片工具/格式”→“排列”→“环绕文字”按钮，在弹出的下拉菜单中选择“四周型”。

② 右击红木图片，在弹出的快捷菜单中选择“置于底层”选项，在弹出的级联菜单中选择“置于底层”命令。

3. 插入艺术字

将标题“红木简介”设置为艺术字，样式为“艺术字库”中的第 2 行第 3 列。设置字体为隶书，字号为小初，位置为“顶端居中，四周型文字环绕”。

操作要点：

① 选择标题文字，单击“开始”→“字体”→“清除所有格式”按钮，选择“插入”→“文本”→“艺术字”命令，在弹出的下拉列表中选择相应的艺术字样式。

② 选择艺术字，单击“图片工具/格式”→“排列”→“位置”按钮，在弹出的下拉列表中选择相应的选项。

4. 插入文本框

在正文中插入如图 4-5 所示样张的文本框，在文本框中输入文字“红木家具”，文字格式设为华文彩云、四号、蓝色、居中，设置文本框的环绕方式为四周型，按样张调整文本框的位置。

操作要点：单击“插入”→“文本”→“文本框”按钮，在弹出的下拉列表中选择“绘制文本框”选项，在文档中按住鼠标左键拖动即可绘制文本框。

5. 插入自选图形（形状）

在文档末尾绘制如图 4-6 所示的流程图并组合。

操作要点：

① 单击“插入”→“插图”→“形状”按钮，在弹出的下拉列表中选择相应的图形。

② 在文档中拖动鼠标即可画出一个形状，图中的“哭脸”可通过调整“笑脸”的嘴巴线条实现，按住 Shift 键画直线可帮助形状垂直和水平。

③ 组合各个图形，按住 Shift 键依次单击要组合的各个图形，右击选中的图形，在弹

出的快捷菜单中选择“组合”选项，在级联菜单中选择“组合”命令。使用同样的方法可以取消组合。

④ 单击“开始”→“编辑”→“选择”→“选择窗格”，查看加入的所有形状和顺序。

6. 在文档末尾输入如图 4-7 所示的公式

操作要点：单击“插入”→“符号”→“公式”按钮，在弹出的下拉菜单中选择“插入新公式”命令，使用键盘和“公式工具/设计”选项卡的各个按钮输入相应的公式。

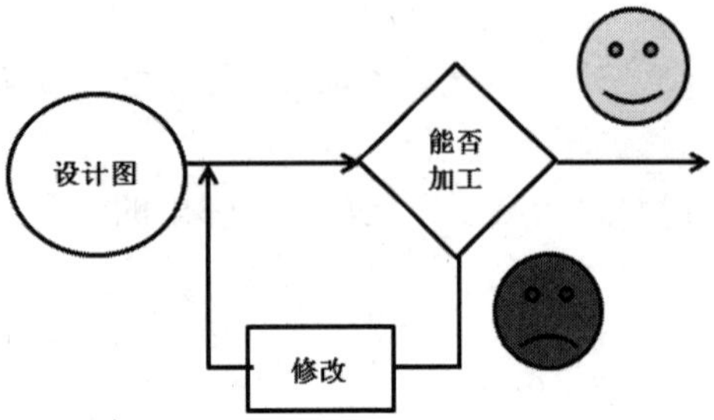

图 4-6　流程图

$$E=\sum_{i=1}^{100}(X_i+Y_i)+\sqrt{\frac{X}{Y}}\times(1+\sin X^2)$$

图 4-7　公式

7. 设置页面背景色为“雨后初晴”的预设渐变效果

操作要点：单击“设计”→“页面背景”→“页面颜色”按钮，在弹出的下拉菜单中选择“填充效果”命令，在弹出的对话框中选择“渐变”选项卡，在“颜色”选项区域选中“预设”单选按钮，选择“预设颜色”为“雨后初晴”。

三、自我训练

打开 D:\上机\word\W4-3B.docx，将其以 OldW4-3B.docx 为文件名保存到自己的文件夹中。重新打开 W4-3B.docx 进行下列操作，完成后的效果如图 4-8 所示。

（1）将标题设置为艺术字，艺术字式样为艺术字样式库中第 1 行第 1 列效果。按样张所示调整艺术字的位置。

（2）在文档第 1 页插入 D:\上机\word\云计算.jpg，垂直翻转图片，图片高度为 5 cm，宽度为 8 cm，图片位置为“底端居左，四周型文字环绕”。

（3）在文档中插入一个竖排文本框，输入内容“现代科技”，文字格式为小二号、楷体、蓝色、加粗，为其添加阴影：外部右下斜偏移，文本框设置为四周型文字环绕。

（4）在文档末尾建立如样张所示的层次结构图。

（5）为文档添加自定义水印，水印文字为“云计算”。

（6）为文档添加任一艺术型页面边框。

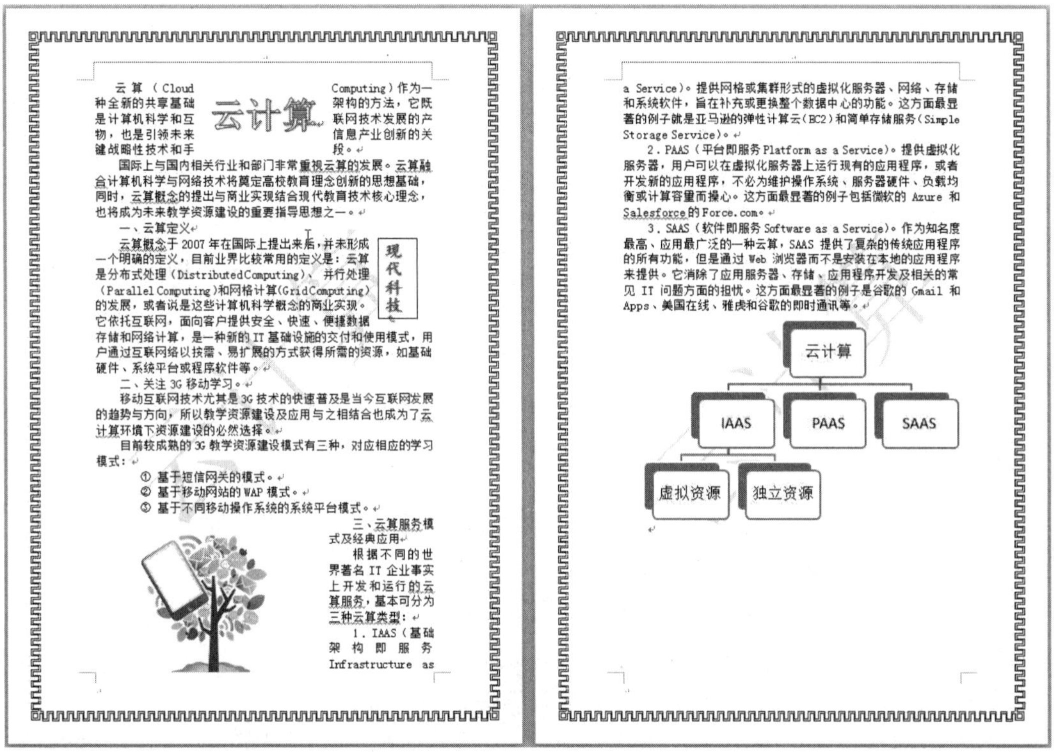

云算（Cloud Computing）作为一种全新的共享基础架构的方法，它既是计算机科学和互联网技术发展的产物，也是引领未来信息产业创新的关键战略性技术和手段。

云计算

国际上与国内相关行业和部门非常重视云算的发展。云算融合计算机科学与网络技术将奠定高校教育理念创新的思想基础，同时，云算概念的提出与商业实现结合现代教育技术核心理念，也将成为未来教学资源建设的重要指导思想之一。

一、云算定义

云算概念于 2007 年在国际上提出来后，并未形成一个明确的定义，目前业界比较常用的定义是：云算是分布式处理（DistributedComputing）、并行处理（Parallel Computing）和网格计算(GridComputing)的发展，或者说是这些计算机科学概念的商业实现。它依托互联网，面向客户提供安全、快速、便捷数据存储和网络计算，是一种新的 IT 基础设施的交付和使用模式，用户通过互联网络以按需、易扩展的方式获得所需的资源，如基础硬件、系统平台或程序软件等。

现代科技

二、关注 3G 移动学习。

移动互联网技术尤其是 3G 技术的快速普及是当今互联网发展的趋势与方向，所以教学资源建设及应用与之相结合也成为了云计算环境下资源建设的必然选择。

目前较成熟的 3G 教学资源建设模式有三种，对应相应的学习模式：

① 基于短信网关的模式。
② 基于移动网站的 WAP 模式。
③ 基于不同移动操作系统的系统平台模式。

三、云算服务模式及经典应用

根据不同的世界著名 IT 企业事实上开发和运行的云算服务，基本可分为三种云算类型：

1. IAAS（基础架构即服务 Infrastructure as a Service）。提供网格或集群形式的虚拟化服务器、网络、存储和系统软件，旨在补充或更换整个数据中心的功能。这方面最显著的例子就是亚马逊的弹性计算云（EC2）和简单存储服务（Simple Storage Service）。

2. PAAS（平台即服务 Platform as a Service）。提供虚拟化服务器，用户可以在虚拟化服务器上运行现有的应用程序，或者开发新的应用程序，不必为维护操作系统、服务器硬件、负载均衡或计算容量而操心。这方面最显著的例子包括微软的 Azure 和 Salesforce 的 Force.com。

3. SAAS（软件即服务 Software as a Service）。作为知名度最高、应用最广泛的一种云算，SAAS 提供了复杂的传统应用程序的所有功能，但是通过 Web 浏览器而不是安装在本地的应用程序来提供。它消除了应用服务器、存储、应用程序开发及相关的常见 IT 问题方面的担忧。这方面最显著的例子是谷歌的 Gmail 和 Apps、美国在线、雅虎和谷歌的即时通讯等。

图 4-8 “云计算”图文混排效果

实验 4　Word 进阶应用

一、实验目的

（1）运用页面排版、文档结构和标题级别对长文档进行排版。

（2）使用大纲视图查看应用样式后的效果。

（3）学会自动生成文档目录。

（4）学会脚注的插入。

二、实验内容

启动 Word 2016，打开 D:\上机\word\W4-4.docx，将其以 OldW4-4.docx 为文件名保存到自己的文件夹中。重新打开 W4-4.docx 进行下列操作：

1. 版面设置

（1）页面设置要求：上、下、左、右页边距各设置为 2 cm，页眉、页脚距边界各设置为 1.5 cm，纸张大小设置为 A4。

提示：在“布局”→“页面设置”对话框中设置。

（2）页眉、页脚要求：输入页眉文字“移动学习论文集”，居中对齐，页脚显示“第 x 页，共 y 页”（x 为当前页码，y 为当前总页数），左对齐，页眉页脚的文字均为隶书，小五号字。

（3）设置背景为文字水印“请勿复制”，字体为“隶书”，字号为 120，颜色为浅蓝色。

提示：选择“设计”→“页面背景”→“水印”命令进行设置。

2. 格式要求

节选广西民族大学本科毕业论文（设计）基本规范要求，需要注意的是：设置某种标题样式是为了能让系统自动生成目录。

文章标题……（基于标题 1，黑体、加粗、三号、居中）

正文一级标题……（基于标题 2，黑体、加粗、小三号）

正文二级标题……（基于标题 3，黑体、加粗、四号）

操作要点：① 新建样式，单击“开始”→“样式”组右侧的按钮，打开“样式”窗格，单击“新建样式”按钮，弹出“根据格式设置创建新样式”对话框，按图 4-9 所示的步骤进行操作。

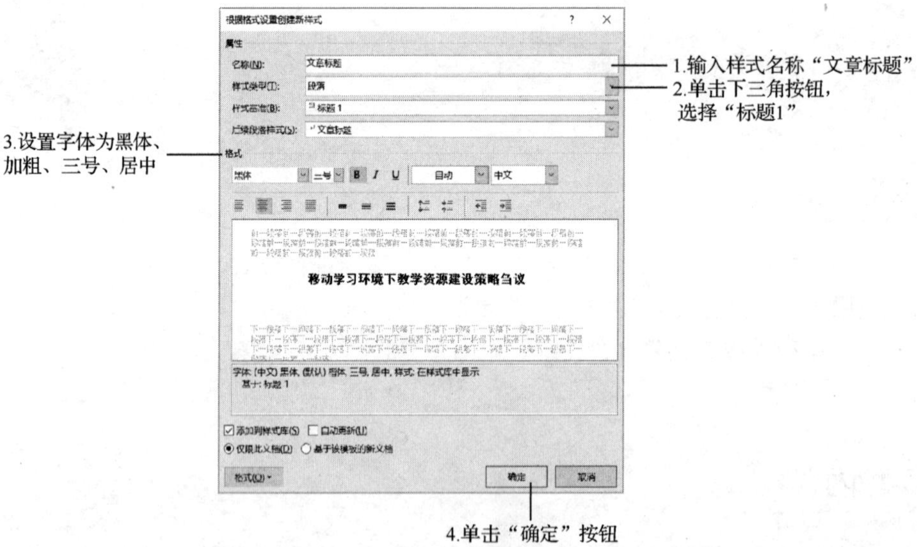

图 4-9　创建新样式

② 使用相同的方法创建另外两个样式。

③ 应用样式到相应的段落，将光标定位于相应的段落，单击“样式”窗格中对应的

样式，即可应用该样式。

④ 使用大纲视图查看应用样式后的效果，单击“视图”→“大纲视图”命令，在“大纲”选项卡中，单击“显示级别”右侧的下三角按钮，在打开的下拉列表中选择级别，即可按照文档的标题分级显示，如图 4-10 所示。

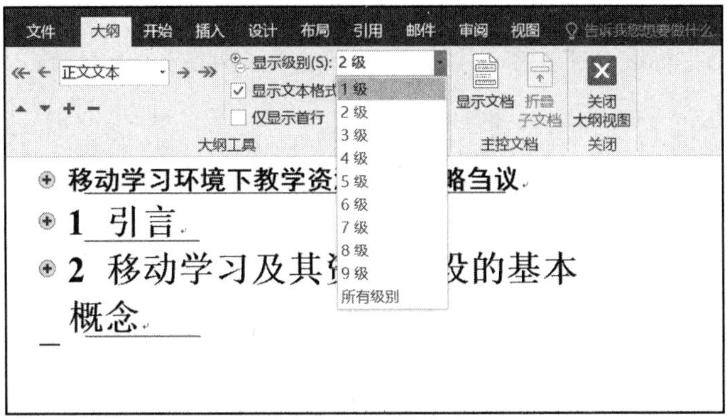

图 4-10　“大纲”选项卡

3. 生成三级目录

（1）在“大纲”选项卡中，单击“关闭大纲视图”按钮，回到页面视图。

（2）将光标定位到文档的开头，选择“引用”→“目录”组，单击“目录”按钮，在弹出的下拉列表中选择“自定义目录”命令，弹出“目录”对话框，按图 4-11 所示的步骤进行操作。

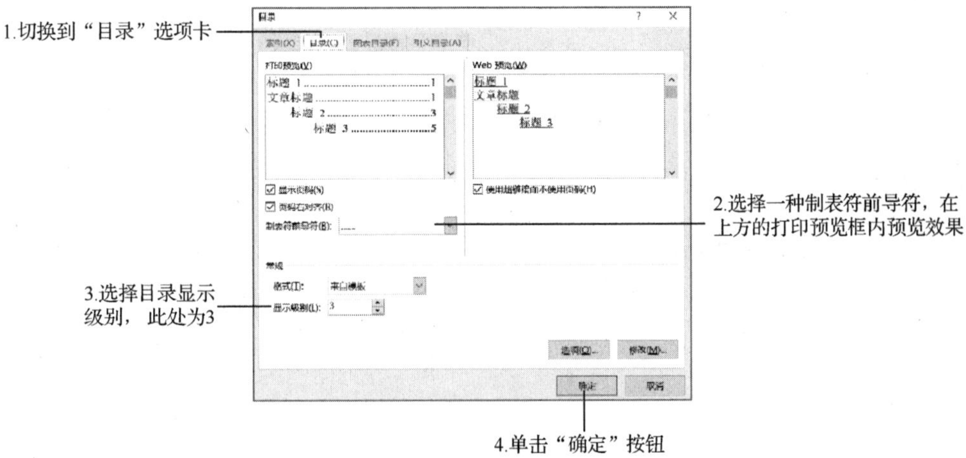

图 4-11　“目录”对话框

（3）更新目录和文章内容的修改，若标题和页码有变化且需要进行目录更新，可在目录处右击，在弹出的快捷菜单中选择“更新域”命令，在打开的对话框中选中“更新整个目录”单选按钮，单击“确定”按钮。

4. 插入脚注

为标题加上脚注，脚注的内容为：“移动学习是一种在移动设备帮助下的学习”，脚注格式为小五号宋体。

操作要点：选中标题文字，单击“引用”→“插入脚注”按钮，输入相应的内容。

5. 设置文档的字符及段落格式

（1）作者及地址：宋体、小五号、居中。

（2）摘要和关键词：小五号、宋体。段落：首行缩进 2 字符，行距为固定值 20 磅。

（3）正文：宋体、五号，首行缩进 2 字符。

（4）参考文献：“参考文献”四个字为四号黑体、加粗、居中，参考文献正文为五号仿宋。

三、自我训练

按照所在学校的本科毕业论文（设计）基本规范要求完成长文档的排版。例如，按照“广西民族大学毕业论文写作简单规范”要求，完成某同学毕业论文的排版工作。

广西民族大学毕业论文写作简单规范

1. 封面

封面内容均须打印，题目为宋体加粗小二号字；学院等其他内容为宋体加粗三号字。横线上起始文字均左起空两格。封面及任务书不能有页码。

2. 目录

“目录”二字中间空两格，使用黑体加粗三号字，居中打印。一级标题使用黑体加粗小三号字，二级标题使用黑体加粗四号字，以此类推，每一级标题减小一个字号，到四级标题为止，不使用五级及以下标题。目录单独编页码，使用Ⅰ、Ⅱ等页码样式并居中。

3. 题目

题目使用黑体加粗三号字，居中。

4. 摘要及关键词

“摘要”二字使用黑体加粗小三号字，居中。摘要内容使用四号宋体字，行距 20 磅。“关键词”三个字，使用小三号黑体加粗字。关键词为 3～5 个，使用四号宋体字，每一关键词之间空一格。摘要部分单独编页码，使用 I、II 等页码样式并居中。

5. 正文

正文使用宋体小四号字，数字和英文用 Times New Roman 字体，标准字间距，20 磅行距，段落前空 2 字符，段前、段后各一行间距。

图、表、公式：文中的图、表、公式应分章依序编号，并与上下正文之间要有一行的间距。图应有图号和图题，如“图 2.1 测评指标等级标示图”，图号和图题应置于图下方的居中位置，使用楷体，小四号字。表应有表号和表题，如“表 2.1 测评指标等级标示表”，表号和表题应置于表上方的居中位置，使用楷体，小四号字。

正文部分单独编页码，使用 1、2、3 等页码样式并居中。

6. 参考文献

“参考文献”四字，黑体小三号加粗，居中。内容使用仿宋五号字。

7. 致谢

“致谢”二字中间空两格，黑体小三号加粗，居中；致谢内容格式同正文，宋体小四号字。

8. 附录

“附录”二字中间空两格，黑体加粗小三号字，居中；附录内容格式同正文。

第5章 Excel 2016 电子表格处理软件实验

本章的学习目的是使学生熟练掌握电子表格处理软件 Excel 的使用方法，并能综合运用 Excel 知识解决实际问题。本章的主要内容包括 Excel 的基本操作，Excel 的图表化和数据分析（排序、筛选、分类汇总及数据透视表）等。

实验 1 Excel 工作表的基本操作

一、实验目的

（1）掌握 Excel 工作簿的建立、保存与打开。

（2）掌握工作表中数据的输入。

（3）掌握公式和函数的使用。

（4）掌握数据的编辑修改。

（5）掌握工作表的格式化。

二、实验内容——制作“学生成绩表”

1. 基本准备

（1）在 D:\（或指定的其他盘符）下新建一个名为“Excel 实验”的文件夹。

（2）启动 Excel。

（3）建立一个 Excel 工作簿，在 Sheet1 工作表中输入如图 5-1 所示的数据，以“学生成绩.xlsx”为文件名保存在“D:\ Excel 实验”目录下。

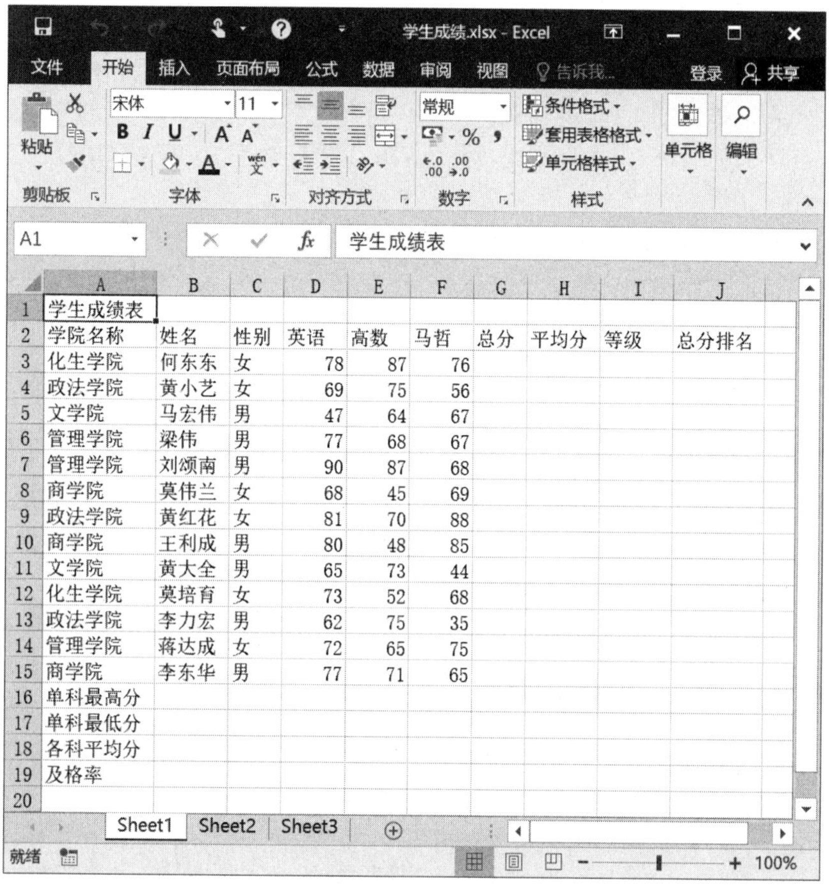

	A	B	C	D	E	F	G	H	I	J
1	学生成绩表									
2	学院名称	姓名	性别	英语	高数	马哲	总分	平均分	等级	总分排名
3	化生学院	何东东	女	78	87	76				
4	政法学院	黄小艺	女	69	75	56				
5	文学院	马宏伟	男	47	64	67				
6	管理学院	梁伟	男	77	68	67				
7	管理学院	刘颂南	男	90	87	68				
8	商学院	莫伟兰	女	68	45	69				
9	政法学院	黄红花	女	81	70	88				
10	商学院	王利成	男	80	48	85				
11	文学院	黄大全	男	65	73	44				
12	化生学院	莫培育	女	73	52	68				
13	政法学院	李力宏	男	62	75	35				
14	管理学院	蒋达成	女	72	65	75				
15	商学院	李东华	男	77	71	65				
16	单科最高分									
17	单科最低分									
18	各科平均分									
19	及格率									
20										

图 5-1　学生成绩表

2. 输入数据，并设置格式

（1）在“总分”左边插入一列“体育”，并输入各同学的体育成绩，依次为：78、74、80、82、67、66、84、62、86、65、82、77、62。

操作要点：定位 G 列任一单元格，单击“开始”→“单元格”→“插入”→“插入工作表列”。

（2）在“学院名称”左边插入一列“学号”，并输入各同学的学号：0001～0013。

操作要点：插入列后，定位 A3 单元格，英文状态下录入’0001，鼠标移到 A3 单元格的右下角，出现填充柄后（+字符号），拖动填充柄到 A15。

（3）将工作表中的 A1:L1 单元格合并居中，并设置字体为黑体 28 号字。

操作要点：选定 A1:L1 单元格，单击“开始”→“对齐方式”→“合并后居中”。

（4）利用条件格式将不及格的成绩格式设置为：红色字体，加粗。

操作要点：选定 4 门课的单元格区域 E3:H15，单击 “开始”→“样式”→“条件格式”→“突出显示单元格规则”→“小于”，设置“小于”对话框，左边输入 60，右边选

“自定义格式”，找到加粗，红色进行设置。

（5）为工作表 A2:L19 区域添加边框：外框用红色双线，内框用黑色单线。

操作要点：选择 A2:L19 单元格，单击“开始”→“字体”→“下框线”按钮的田·三角符号，选择“其他边框”，选择双线、红色后单击“外边框”，再选择单线、黑色后单击“内部”。

（6）为工作表“Sheet1”制作副本，新的工作表名字为“备份”。

操作要点：在工作表窗口底部“Sheet1”处单击右键，选择“移动或复制”，在弹出的窗口中勾选“建立副本”，单击“确定”按钮。右击新工作表重命名。

3. 利用公式或函数，在 Sheet1 工作表中进行计算

（1）利用函数求每个人的总分。

操作要点：定位 I3 单元格，单击“开始”→“编辑”→“自动求和”按钮的三角符号，选择“求和”，按 Enter 键或者单击编辑栏的✓然后按“确定”按钮，若要取消则单击×。拖动 I3 右下角的填充柄到 I15。

（2）利用公式求每个人的平均分，平均分等于总分除以 4（保留一位小数点）。

操作要点：定位 J3 单元格，录入“=I3/4”，按“确定”按钮。再定位 J3 单元格，单击“开始”→“数字”，单击“减少小数位数”按钮。设置好小数位数后，拖动填充柄到 J15。

（3）利用函数求单科的最高分、最低分。

操作要点：定位相应单元格，单击“开始”→“编辑”→“自动求和”按钮的三角符号，分别选择“最大值”“最小值”，向右拖动填充柄。思考公式中的地址是否要修改。

（4）利用函数求各科平均分（保留一位小数点）。

操作要点：定位 E18，单击“开始”→“编辑”→“自动求和”按钮的三角符号，选择“平均值”，注意修改公式中的地址 E17 为 E15。移到 E18 的填充柄，向右拖动至 H18。

（5）利用函数 IF 求等级：如果平均分大于或等于 70，等级填“合格”，否则填“不合格”。

操作要点：定位 K3，输入=IF(J3=70,"合格","不合格")，或者单击编辑栏的 fx,选择 IF 函数，按“确定”按钮，在函数参数对话框中依次输入 3 个参数：J3=70,合格,不合格。

（6）利用函数 rank 求同学总分排名。

操作要点：定位 L3，输入=RANK(I3,$I$3:$I$15)，拖动填充柄到 L15。

（7）利用函数 count、countif 求各科及格率（百分比，保留整数）。

操作要点：定位 E19，输入=COUNTIF(E3:E15,"=60")/COUNT(E3:E15)。

（8）为新表格重设表头和表线，设置自动调整列宽（开始→单元格→格式→自动调整列宽），实验结果如图 5-2 所示。

（9）存盘退出。

学生成绩表											
学号	学院名称	姓名	性别	英语	高数	马哲	体育	总分	平均分	等级	总分排名
0001	化生学院	何东东	女	78	87	76	78	319	79.8	合格	2
0002	政法学院	黄小艺	女	69	75	56	74	274	68.5	不合格	8
0003	文学院	马宏伟	男	47	64	67	80	258	64.5	不合格	10
0004	管理学院	梁伟	男	77	68	67	82	294	73.5	合格	4
0005	管理学院	刘颂南	男	90	87	68	67	312	78.0	合格	3
0006	商学院	莫伟兰	女	68	45	69	66	248	62.0	不合格	13
0007	政法学院	黄红花	女	81	70	88	84	323	80.8	合格	1
0008	商学院	王利成	男	80	48	85	62	275	68.8	不合格	6
0009	文学院	黄大全	男	65	73	44	86	268	67.0	不合格	9
0010	化生学院	莫培育	女	73	52	68	65	258	64.5	不合格	10
0011	政法学院	李力宏	男	62	75	35	82	254	63.5	不合格	12
0012	管理学院	蒋达成	女	72	65	75	77	289	72.3	合格	5
0013	商学院	李东华	男	77	71	65	62	275	68.8	不合格	6
	单科最高分			90	87	88	86				
	单科最低分			47	45	35	62				
	各科平均分			72.2	67.7	66.4	74.2				
	及格率			92%	77%	77%	100%				

图 5-2　学生成绩表实验结果

三、自我训练

建立一个 Excel 工作簿，以“人力资源情况表.xlsx”为文件名保存在“D:\ Excel 实验”目录下。在 Sheet1 工作表中输入如图 5-3 左边所示的数据，完成（1）—（6）后，结果如图 5-3 右边所示。

（1）在 A 列前插入一列：“部门编号”，并输入各部门的编号：001～004。

（2）将工作表“Sheet1”改名为“煤矿人员情况”，并把工作表中的 A1:D1 单元格合并居中，设置字体为楷体、26 号字，红颜色。

（3）利用函数求总人数，利用公式求所占比例（所占比例=人数/总人数），并以百分比格式（保留一位小数点）显示。（提示：总人数的地址用绝对引用）

（4）为表格中 A2:D7 区域添加表线。

（5）将表格中表头栏（A2:D2 区域）加黄色底纹。

（6）利用条件格式将所占比例大于 25%的值用绿色显示。

（7）存盘后退出。

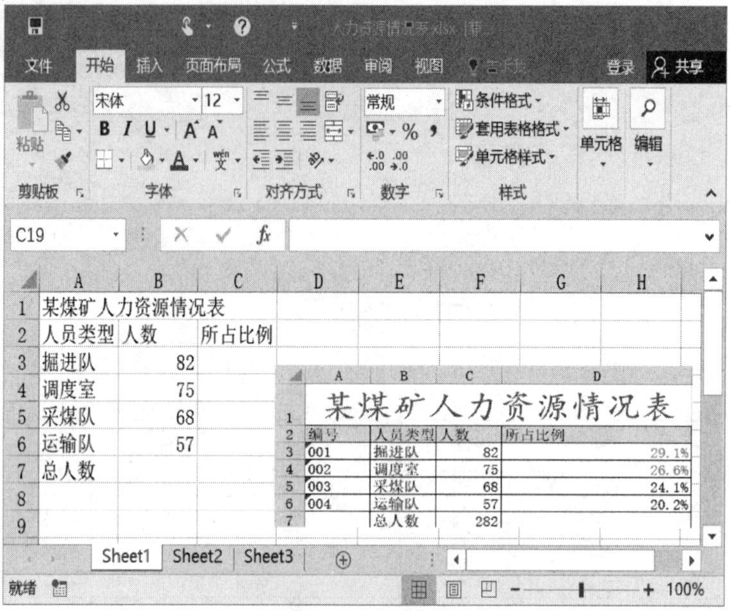

图 5-3　人力资源情况表原始数据与实验结果

实验 2　Excel 的图表化

一、实验目的

（1）掌握图表的创建。

（2）掌握图表的编辑。

（3）掌握图表的格式化。

二、实验内容

1．打开保存的学生成绩.xlsx。

2．利用 Sheet1 数据制作各同学课程比较图并嵌入本工作表中。

操作要点：拖动选择姓名区域（C2:C15），按住 Ctrl 键不放，拖动鼠标再选择 4 门课成绩区域（E2:H15），单击“插入”→“图表”，选簇状柱形图。

3．观察并修改“图表工具”下的“设计”“格式”各项功能。结果如图 5-4 所示。

（1）修改图表标题为“各同学课程比较图”。

（2）修改数据标签，位置为“数据标签外”。

操作要点：单击“图表工具”→“设计”，在“图表布局”中单击“添加图表元素”右边三角符号，选择“数据标签”下的“数据标签外”。

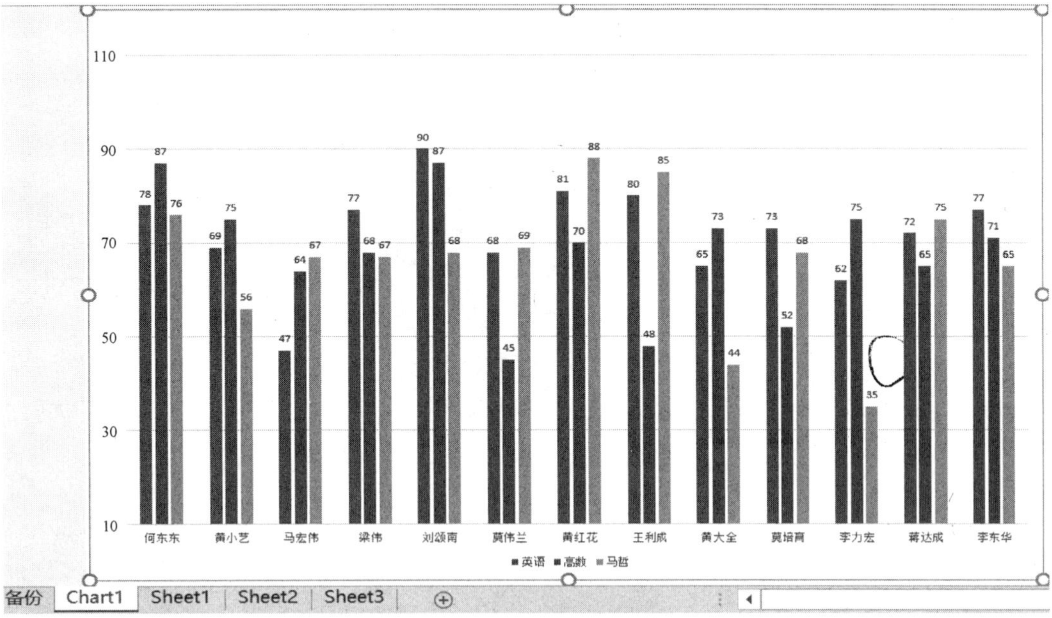

图 5-4　各同学课程比较图

（3）设置纵坐标轴格式，边界最小为 10，间距为 20。

操作要点：右击刻度数字，单击“设置坐标轴格式”，最小值为 10，最大值为 100，主要单位为 20。

（4）修改图例位置，放到“靠下”。（右击图例，单击“设置图例格式”）

（5）删除体育课。（单击体育课对应的柱子，按 DEL 键删除）

（6）移动图表位置为独立式图表 Chart1，右击图表，选择“移动图表”。

4．在 Sheet1 中，制作黄小艺同学 4 门课程比较图，图表类型使用簇状条形图。

操作要点：单击 C2，按住 Ctrl 键不放，依次单击 C4，拖动 E2:H2，E4:H4，选中 4 个区域后放开 Ctrl 键，单击“插入”→“图表”，选簇状条形图。

5．利用 Sheet1 数据，制作每个同学的课程比较迷你图，放在每个同学所在行的 M 列。

操作要点：单击“插入”→“迷你图表”→“柱形图”，数据范围选 E3:H3，位置范围选 M3，拖动 M3 单元格的填充柄到 M15。

三、自我训练

打开保存的“人力资源情况表.xlsx”，在工作表“Sheet1”中，用“人员类型”和“人数”的数据建立如图 5-5 所示的部门人数比例图，并嵌入本工作表中。按以下要求修改图表选项。

（1）将图表标题“部门人数比例图”设置为黑体、22 磅。

（2）将数据标签选项勾选“百分比”，标签位置选“数据标签外”。

（3）将图例的位置靠左。

（4）存盘退出。

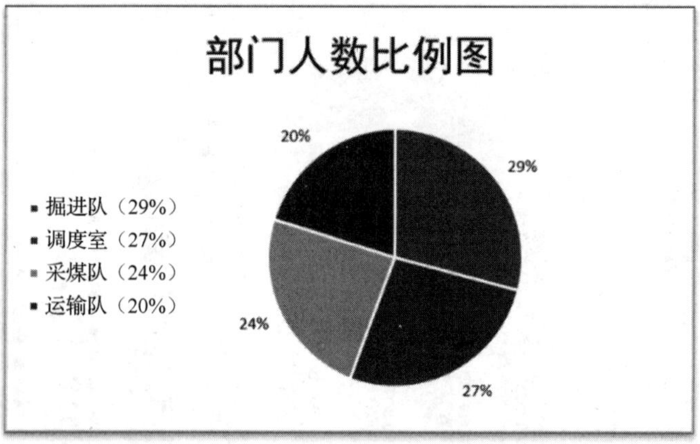

图 5-5　部门人数比例图

实验 3　Excel 工作表数据的排序、筛选和分类汇总

一、实验目的

（1）掌握数据的排序方法。
（2）掌握数据的分类汇总。
（3）掌握数据的筛选。

二、实验内容

打开保存的学生成绩.xlsx，在 Sheet1 工作表后插入 4 个工作表，将 Sheet1 中的数据列表（见表 5-1）分别复制到工作表 Sheet2、Sheet3、Sheet4、Sheet5 中，定位各工作表的 A1 单元格后，单击“开始”→“粘贴”。

表 5-1　Sheet1 中用于复制的数据列表（选择单元格区域 A2:I15）

学号	学院名称	姓名	性别	英语	高数	马哲	体育	总分
0001	化生学院	何东东	女	78	87	76	78	319
0002	政法学院	黄小艺	女	69	75	56	74	274
0003	文学院	马宏伟	男	47	64	67	80	258
0004	管理学院	梁伟	男	77	68	67	82	294
0005	管理学院	刘颂南	男	90	87	68	67	312
0006	商学院	莫伟兰	女	68	45	69	66	248

续表

学号	学院名称	姓名	性别	英语	高数	马哲	体育	总分
0007	政法学院	黄红花	女	81	70	88	84	323
0008	商学院	王利成	男	80	48	85	62	275
0009	文学院	黄大全	男	65	73	44	86	268
0010	化生学院	莫培育	女	73	52	68	65	258
0011	政法学院	李力宏	男	62	75	35	82	254
0012	管理学院	蒋达成	女	72	65	75	77	289
0013	商学院	李东华	男	77	71	65	62	275

1. 排序

（1）在 Sheet2 工作表中将总分成绩从高到低排序，结果如图 5-6 所示。

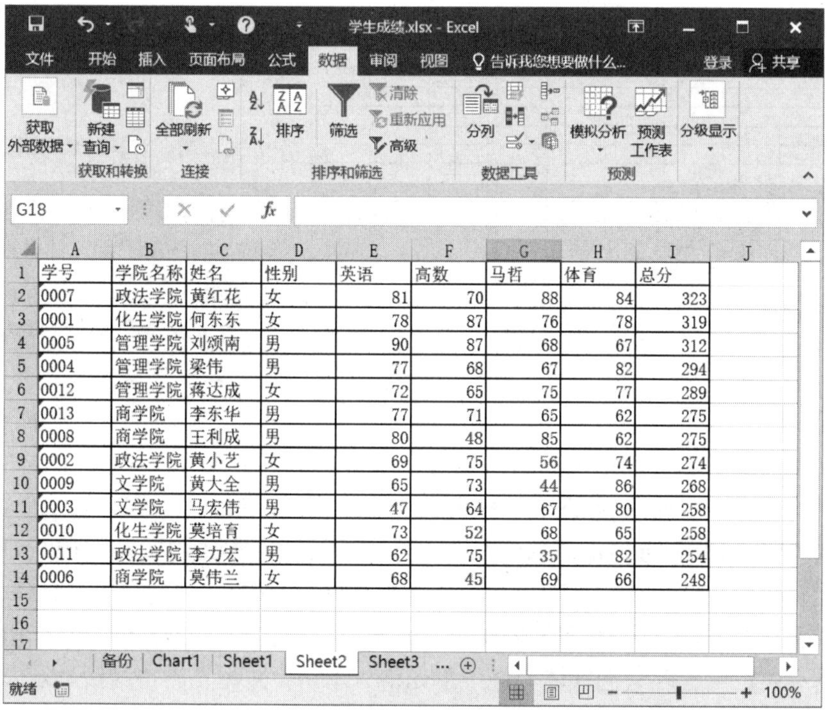

图 5-6　排序结果

操作要点：单击 I3 定位总分单元格，单击“数据”→“排序和筛选”的排序按钮即可。

（2）在 Sheet2 工作表中按总分降序排序，总分相同的按高数降序排序。

操作要点：单击“数据”→“排序和筛选”的“排序”按钮，单击“添加条件”，主要关键字选总分，次序选“降序”。单击“添加条件”，次要关键字选“高数”，次序选“降序”。观察结果，注意总分为 275 的两条记录。

2. 数据的分类汇总

（1）对 Sheet3 工作表中的数据进行分类汇总：按“学院名称”分类求出各学院的总分平均值（保留 1 位小数），操作结果如图 5-7 所示。

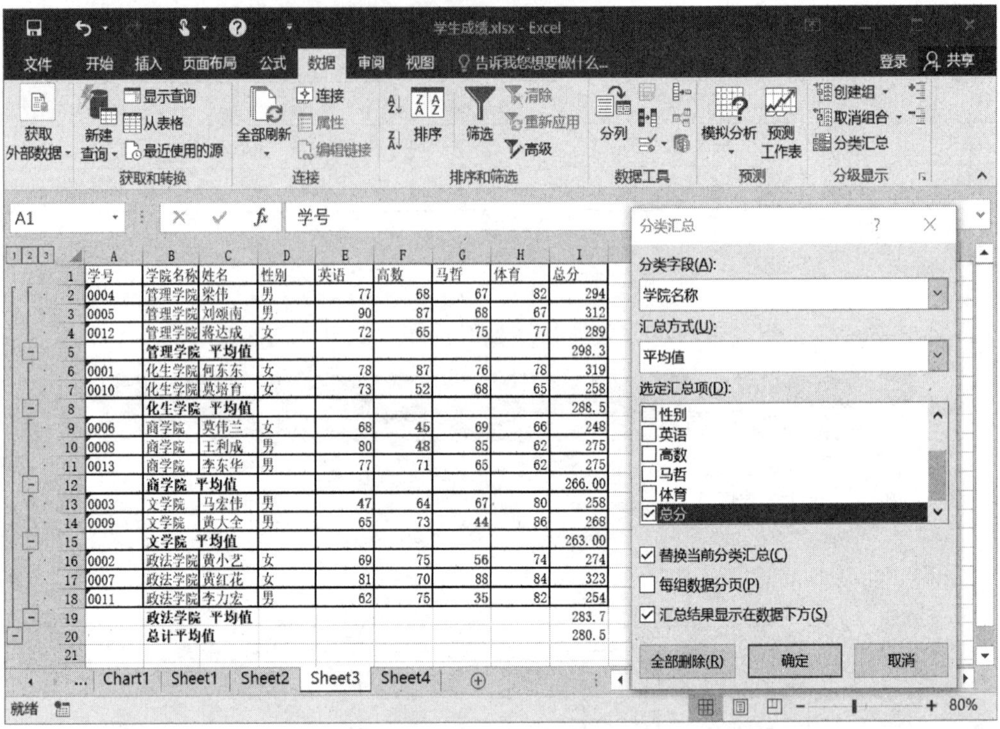

图 5-7　分类汇总结果

操作要点：首先定位 B1，单击升序按钮，对学院名称进行排序。其次单击“数据”→“分级显示”→“分类汇总”，如图 5-7 右部方框所示，依次选择：分类字段为“学院名称”、汇总方式为“平均值”、选定汇总项仅在“总分”前打钩，单击“确定”按钮。设置各平均值为 1 位小数。

（2）嵌套分类汇总：保留（1）的结果，再按“学院名称”求出各“学院”的人数。

操作要点：定位上题数据区域的任一单元格，单击“数据”→“分级显示”→“分类汇总”，依次选择：分类字段为“学院名称”，汇总方式为“计数”，选定汇总项仅在“总分”前打钩，取消“替换当前分类汇总”，单击“确定”按钮。

（3）复制分类汇总结果：把各学院的总分平均值的汇总结果复制到 A28 开始的区域。

操作要点：移动鼠标到 A1 单元格左上角，单击分级显示数字 2，选择要复制的区域，按组合键 Alt+;后，单击“开始”→“复制”，再单击 A28 单元格，粘贴。

3. 数据的筛选

（1）在 shee4 工作表中筛选出管理学院总分大于 290 的同学，完成后操作结果如图 5-8

的第 1—第 6 行所示。

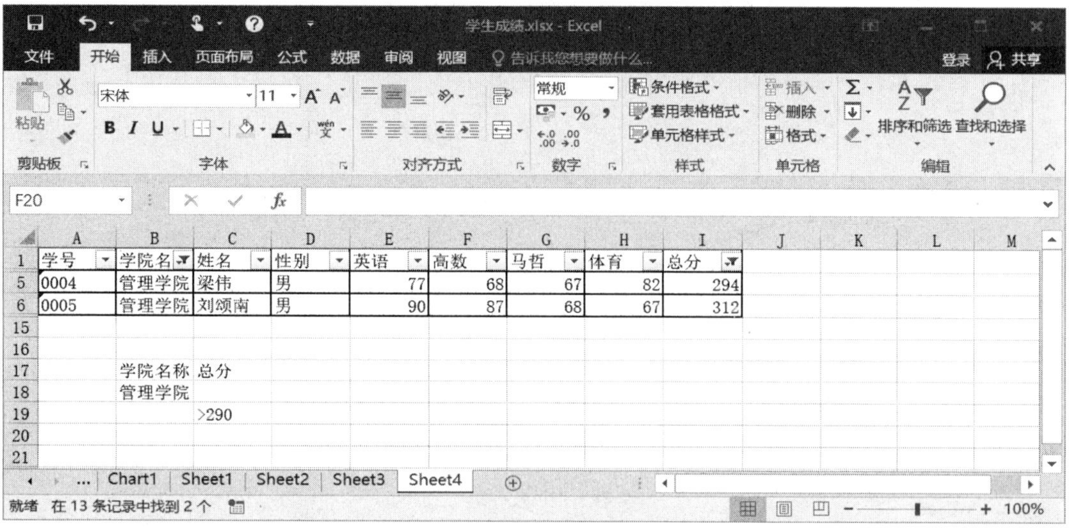

图 5-8　数据的筛选

操作要点：定位数据区域内任一单元格，单击“数据”→“排序和筛选”→“筛选”，先单击学院名称的三角箭头，仅勾选“管理学院”；然后单击总分筛选箭头，选“数字筛选”→“大于”。

（2）在 shee5 工作表中筛选出学院名称为管理学院或者总分大于 290 的同学。

操作要点：录入条件区域，如图 5-8 中的 B17:C19 的内容，单击 A1 返回原数据区域，再单击“数据”→“排序和筛选”→“高级”，列表区域录入 A1:H14，条件区域选择 B17:C19。结果显示有 5 条记录。

（3）存盘退出。

三、自我训练

（1）建立一个 Excel 工作簿，在 Sheet1 工作表中输入如图 5-9 所示的数据，以“总评.xlsx”为文件名保存在“D:\ Excel 实验”目录下。

（2）在“段考成绩”左边插入一列“平时成绩”，并输入各同学的平时成绩，依次为：72、65、91、92、77、68。

（3）利用公式或函数求每个人的总评分数（总评=平时成绩×20%+段考成绩×20%+期末成绩×60%），保留 1 位小数。以总评为关键字，按递减方式排序。

（4）为工作表 Sheet1 做两个备份，工作表名为“汇总”和“选优”，对“汇总”中的数据进行分类汇总：按“系名”求出各系的平均总评。

（5）在“选优”工作表中筛选出总评大于 80 的计算机系的同学。

（6）存盘退出。

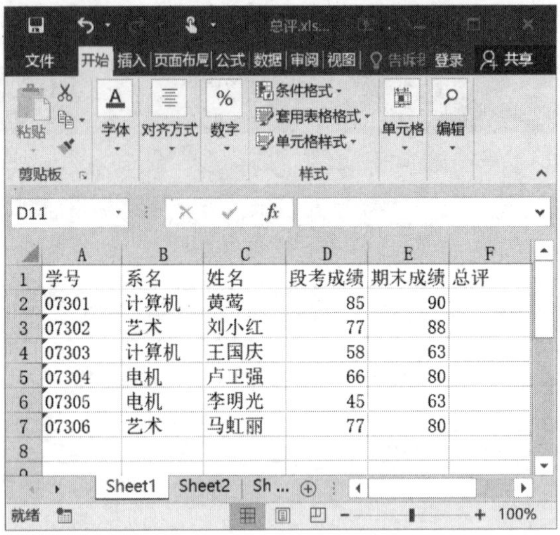

	A	B	C	D	E	F
1	学号	系名	姓名	段考成绩	期末成绩	总评
2	07301	计算机	黄莺	85	90	
3	07302	艺术	刘小红	77	88	
4	07303	计算机	王国庆	58	63	
5	07304	电机	卢卫强	66	80	
6	07305	电机	李明光	45	63	
7	07306	艺术	马虹丽	77	80	
8						

图 5-9　总评表

实验 4　Excel 提高实验

一、实验目的

（1）巩固并应用 Excel 基础知识处理表格。

（2）掌握多工作表之间数据的引用和计算。

（3）利用数据透视表和数据透视图，进行统计分析。

二、实验内容

打开 D:\上机\Excel\w5-4.xlsx，对各工作表执行以下操作。

1．在 Sheet1 工作表中完成以下操作，注意不同工作表的单元格的引用。

（1）将工作表 Sheet1 重命名为“成绩”。

（2）第 1 行（A1:L1）内容合并居中，行高设为 25，文字黑体 20 磅，自动调整列宽。

（3）用自动填充方式输入学号为 00201～00213。

（4）在 C 列前插入一列，输入“学院名称”，用列表框选择输入每个同学所在学院名称。

操作要点：选中你要添加下拉列表的单元格即 C3，单击“数据”→“数据工具”→“数据验证”；在对话框中设置“允许条件”为“序列”，单击“来源”框，在工作表“学院”中拖动选择 A2:A6，框中显示：=学院!$A$2:$A$6，单击“确定”按钮。用填充柄复制 C3 到 C15，依次在每个列表框中选择一个学院。

（5）用公式计算：综合分=各科成绩×比例系数，然后相加。及格率=及格人数÷总人数（countif/count），及格率用百分比表示，小数位数为0。

（6）用函数计算总分、最高分、平均分（保留1位小数），排名（总分排名次序）、备注（如果综合分小于60填不及格，否则填及格）、计算综合分（sumproduct）。结果如图5-10所示。

学生成绩一览表

学号	姓名	学院名称	性别	高等数学	英语	计算机	思想品德	总分	综合分	排名	备注
00201	何东东	管理学院		85	70	83	91	329	81.3	2	及格
00202	黄小艺	化生学院	女	62	45	48	68	223	55.3	13	不及格
00203	马宏伟	商学院	男	50	73	87	72	282	68.7	6	及格
00204	梁伟	文学院	男	90	88	90	93	361	90.0	1	及格
00205	刘颂南	商学院	男	62	53	56	68	239	59.3	11	不及格
00206	莫伟兰	商学院	女	78	77	90	76	321	79.7	4	及格
00207	黄红花	政法学院	女	81	70	88	84	323	79.7	3	及格
00208	王立成	文学院	男	80	48	85	62	275	67.8	7	及格
00209	黄大全	政法学院	男	65	73	44	86	268	67.4	9	及格
00210	莫培育	化生学院	女	66	40	60	65	231	56.8	12	不及格
00211	李力宏	政法学院	男	62	75	35	82	254	64.5	10	及格
00212	蒋大成	化生学院	女	72	65	75	77	289	71.5	5	及格
00213	李东华	政法学院	男	77	71	65	62	275	69.8	7	及格
最高分				90	88	90	93	361			
平均分				71.5	65.2	69.7	75.8	282.3			
及格率				92%	69%	69%	100%	100%			
比例系数				0.3	0.3	0.2	0.2	1			

成绩 | 销售表 | 商品 | 学院 | 风扇 | 人员 | 产量

图5-10 “成绩”工作表结果

2．工作表“风扇”为电风扇销售数据。请利用数据透视表，实现全部或按月显示以下统计数据。

（1）统计各销售员销售各种品牌风扇的数量。结果如图5-11所示，图中选择艾美特。

操作要点：先利用公式求销售额=单价*数量。单击“插入”→“表格”→“数据透视表”；在对话框中单击“表/区域”框，拖动选择风扇!$A$1:$H$16。放置数据透视表的位置选择“现有工作表”，在其后的框中单击A19，单击“确定”按钮。依次拖动字段：“品牌”放到筛选器区域，“月份”到行区域，“销售员”到列区域，“数量”到值区域，单击值区域中下三角箭头选择“值字段设置”，选“求和”。

（2）统计各销售员的总销售额。

（3）统计各种品牌电风扇的平均单价。

（4）统计各库房的总销售额。

3．在工作表“销售表”中，用查找与引用函数合并表格数据

（1）用工作表“商品”的第2、3、4列数据（B、C、D列）填写“销售表”的对应3列内容。

操作要点：定位“销售表”的E3，输入：=VLOOKUP(B3,商品!$A$1:$D$6,2,FALSE)，拖动填充柄到E15。类似：F3=VLOOKUP(B3,商品!$A$1:$D$6,3,FALSE)，单击编辑栏fx了解4个参数的作用，并回答G3=?

图 5-11　数据透视表—各销售员销售艾美特风扇的数量

（2）用公式求“销售表”的销售额和利润。

第6章 PowerPoint 2016 演示文稿实验

本章的主要目的是使学生熟练掌握演示文稿软件 PowerPoint 2016 的基本使用方法，并能综合运用 PowerPoint 2016 的相关知识制作演示文稿。本章的主要内容包括 PowerPoint 2016 的基本操作、幻灯片母版、幻灯片的切换、自定义动画与超链接和演示文稿的放映方式等。

实验 1 PowerPoint 的基本操作

一、实验目的

（1）学会 PowerPoint 启动和退出的方法。
（2）领会创建演示文稿的基本过程。
（3）掌握幻灯片的制作，文字和图片等的插入，布尔运算的使用。
（4）掌握幻灯片的插入，排列顺序的改变，幻灯片格式的设置。

二、实验内容

1. 基本准备

（1）在 D:\（或指定的其他盘符）下新建一个名为“PowerPoint 实验”的文件夹。
（2）启动 PowerPoint 2016。

2. 利用“空演示文稿”建立演示文稿，并完成编辑和美化

（1）建立一个具有 6 张幻灯片的演示文稿，将结果以“厉害了我的国.pptx”为文件名保存在“D:\ PowerPoint 实验”目录下。

操作要点：启动 PowerPoint 2016，然后选择“新建”→“空白演示文稿”命令，再单击 “开始”→“新建幻灯片”按钮来插入新幻灯片，连续插入五张新幻灯片。

（2）第 1 张幻灯片采用“标题幻灯片”版式，标题处输入“厉害了，我的国”并设置为微软雅黑 72 磅、加粗、深红色。副标题处输入“我爱我的国 我爱我的家”并设置为微软雅黑 24 磅、深红色。

操作要点：单击 “开始”→“版式”按钮。

（3）第 2 张幻灯片采用“仅标题”版式，标题处输入“中国桥”，然后插入 D:\上机\PPT\港珠澳大桥.jpg。

操作要点：单击“插入”→“图片”按钮，适当调整图片的大小和位置。

（4）第 3 张幻灯片采用“标题和内容”版式，标题输入“港珠澳大桥”，黑体、44 号字、加粗。文本处输入以下文字并设置为黑体 28 磅，1.5 倍行距。

世界上最长的跨海大桥，也是世界上最长的沉管海底隧道，将香港、澳门和珠海三个地方连为一体。港珠澳大桥于 2009 年 12 月开工建设，2018 年 10 月开通营运。大桥全长 55 千米，设计使用寿命 120 年，总投资约 1200 亿元人民币。

（5）第 4 张幻灯片采用“仅标题”版式，标题处输入“中国航母”，然后插入 D:\上机\PPT\航母.jpg，并将其裁剪为泪滴形。

操作要点：选中图片，单击“图片工具/格式”→“裁剪”→“裁剪为形状”，在基本形状中选泪滴形，再适当调整图片的大小和位置。

（6）第 5 张幻灯片采用“仅标题”版式，标题处输入“中国航天”，然后插入 D:\上机\PPT\火箭.jpg，并应用“映像圆角矩形”样式。

操作要点：选中图片，单击“图片工具/格式”，在“图片样式”中选择“映像圆角矩形”，再适当调整图片的大小和位置。

（7）删除第 6 张幻灯片。

操作要点：选择“大纲/幻灯片”窗格中第 6 张幻灯片，直接按 Delete 键或右击后在弹出的快捷菜单中选择“删除幻灯片”命令。

（8）将第 2 张幻灯片与第 3 张幻灯片交换位置。

操作要点：在“大纲/幻灯片”窗格中直接拖曳第 2 张幻灯片至第 3 张幻灯片之后。

（9）制作效果结果如图 6-1 所示。

（10）保存后退出。

三、自我训练——制作“个人简介”演示文稿

本实验将制作一个“个人简介”演示文稿，由 4 张幻灯片组成。

（1）第 1 张幻灯片为封面，标题输入“×××个人简介”。

（2）第 2 张幻灯片输入个人基本情况，并插入你喜欢的图片或剪贴画。

（3）第 3 张幻灯片输入兴趣爱好及能力特长等。

（4）第 4 张幻灯片介绍未来目标规划。

图 6-1 制作效果图

（5）根据自己的喜好设置幻灯片文字的字体、字号、颜色，更改幻灯片的背景或配色方案。

（6）在演示文稿中加入日期、页脚和幻灯片编号。

（7）将结果以“个人简介.pptx”保存在“D:\ PowerPoint 实验”目录下。

实验 2 PowerPoint 的高级操作

一、实验目的

（1）掌握幻灯片动画的设置方法。

（2）掌握幻灯片切换的设置方法。

（3）掌握幻灯片放映技术。

（4）掌握幻灯片超级链接的操作方法。

二、实验内容

本实验将对“厉害了我的国”演示文稿进行编辑操作。对幻灯片设置动画效果、切换效果及放映方式、插入超级链接等操作。

1. 基本准备

打开“D:\PowerPoint 实验”目录下的演示文稿“厉害了我的国.pptx”，另存为“厉害了我的国 2.pptx”。

2. 利用母版美化幻灯片

1）修改幻灯片母版，所有幻灯片的背景为浅粉色（RGB:251,245,238），给所有幻灯片的右上角添加文字“厉害了，我的国”，方正舒体、加粗、28 磅。

操作要点：

（1）单击“视图”→“幻灯片母版”命令，在幻灯片母版上右击选择“设置背景格式”，“纯色填充”→“颜色”→“其他颜色”→“自定义”，自定义颜色的 RGB 为：251，245，238。

（2）选中幻灯片母版，单击“插入”→“图片”，选择 D:\上机\PPT\文字背景.jpg。

（3）选中幻灯片母版，单击“插入”→“文本框”→“绘制横排文本框”，在文本框中输入“厉害了，我的国”并设置为方正舒体、加粗、28 磅。

（4）把文本框放到文字背景.jpg 上的适当位置，先选中文字背景.jpg，按住 Ctrl 键同时再选文本框，单击“绘图工具/格式”→“合并形状”→“相交”命令，最后将其置于母版的右上角即可。

2）修改幻灯片母版中的仅标题版式，标题格式为微软雅黑、40、深红色、居中。

操作要点：在缩略图中找到仅标题版式，选中文本占位符进行相应修改，完成后退出幻灯片母版视图。

3）设置第 1 张幻灯片的背景图片，隐藏右上角的“厉害了，我的国”。

操作要点：

（1）在“大纲/幻灯片”窗格中选中第 1 张幻灯片，右击选择“设置背景格式”→“图片或纹理填充”→图片源“插入”→从文件“浏览”，找到 D:\上机\PPT\首页背景.jpg，单击“插入”命令。

（2）在“设置背景格式”窗格中，勾选“隐藏背景图形”。

3. 设置幻灯片动画

1）第 1 张幻灯片标题的动画效果设置为“淡化”，速度为“快速”，上一动画之后；副标题用“飞入”效果展示，方向为“自底部”，速度为“快速”，与上一动画同时，并设置好平滑开始和平滑结束（非匀速飞入）。

操作要点：

（1）单击“动画”→“动画窗格”命令。

（2）选中标题，单击“添加动画”按钮→进入动画的“淡化”，动画窗格中出现了编号为“1”的动画，选中它右击，在弹出的快捷菜单中选择“计时”选项，“开始”设置为“上一动画之后”，“期间”设置为“快速（1 秒）”，单击“确定”按钮，该动画的编号变为“0”。

（3）选中副标题，单击“添加动画”按钮→进入动画的“飞入”，动画窗格中出现了编号为“1”的动画，选中它右击，在弹出的快捷菜单中选择“计时”选项，“开始”设置为“与上一动画同时”，“期间”设置为“快速（1 秒）”；切换到“效果”选项卡，“方向”

设置为“自底部”，“平滑开始”设置为“0.1 秒”，“平滑结束”设置为“0.9 秒”，如图 6-2 所示，最后单击“确定”按钮。

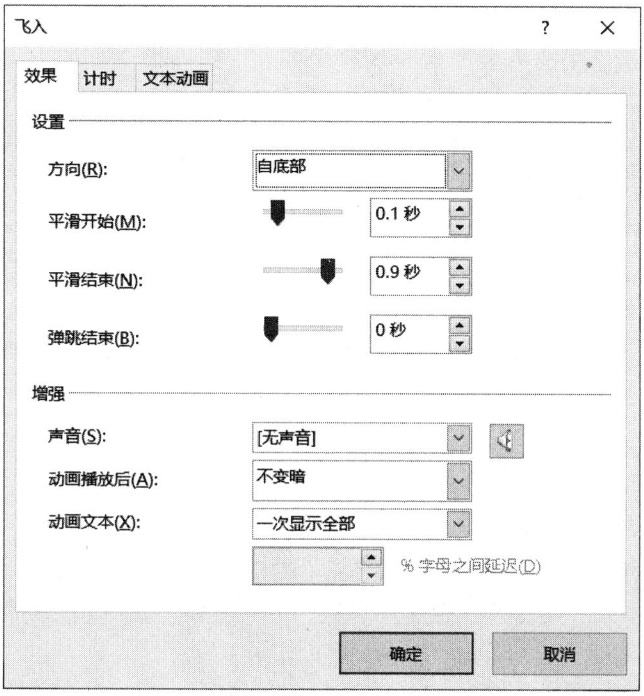

图 6-2　飞入的“效果”设置

2）为第 2 张幻灯片的文本设置动画：进入效果为“出现”，在上一项之后开始，延迟 0.25 秒，并实现按字数逐个出现的效果。

操作要点：

（1）选中文本，单击“添加动画”按钮→进入动画中的“出现”。“计时”选项卡的“开始”设置为“上一动画之后”，“延迟”设置为“0.25 秒”。

（2）切换到“效果”选项卡，“设置文本动画”设置为“按字母顺序”，字母之间延迟秒数为“0.15”，单击“确定”按钮。

3）第 3 张幻灯片的图片设置进入动画为“缩放”，在上一项之后开始。

操作要点：选中图片，单击“添加动画”→进入动画中的“缩放”，设置为“上一动画之后”。

4）第 4 张幻灯片的图片设置强调动画为“脉冲”，在上一项之后开始，延迟 0.25 秒。

操作要点：选中图片，单击“添加动画”按钮→进入动画中的“缩放”，设置为“上一动画之后”和延迟 0.25 秒。

5）将第 5 张幻灯片的图片设置为退出动画中的“浮出”，在上一项之后开始，延迟 1 秒。

操作要点：选中图片，单击“添加动画”按钮→退出动画中的“浮出”，设置为“上一动画之后”和延迟 1 秒。

4．设置幻灯片的切换效果

（1）将第 1 张幻灯片的切换效果设置为“涡流”，换片方式为单击鼠标及间隔 3 秒。

操作要点：在“大纲/幻灯片”窗格中选中第 1 张幻灯片，单击“切换”按钮→切换到此幻灯片中选择“涡流”，在“计时”组中设置自动换片时间为“3 秒”。

（2）将第 2 张幻灯片的切换效果设置为“平移”，换片方式为单击鼠标及间隔 6 秒。

操作要点：在“大纲/幻灯片”窗格中选中第 2 张幻灯片，单击“切换”按钮→切换到此幻灯片中选择“平移”，在“计时”组中设置自动换片时间为“6 秒”。

（3）第 3、4、5 张幻灯片的切换效果设置为“页面卷曲”，换片方式为单击鼠标及间隔 3 秒。

操作要点：在“大纲/幻灯片”窗格中同时选中第 3、4、5 张幻灯片，单击“切换”按钮→切换到此幻灯片中选择“页面卷曲”，在“计时”组中设置自动换片时间为“3 秒”。

5．超级链接的创建

（1）为第 3 张幻灯片的标题设置超级链接，使其链接到第 2 张幻灯片。

操作要点：选中第 3 张幻灯片的标题，单击 “插入”→“链接”按钮，单击“本文档中的位置”按钮，在“请选择文档中的位置”中单击第 2 张幻灯片的标题，单击“确定”按钮即可。

（2）在第 4 张幻灯片的右下角插入一个动作按钮，将其链接到第一张幻灯片。

操作要点：单击“插入”→“形状”→“动作按钮”按钮，再选择“动作按钮：转到主页”按钮，在幻灯片右下角单击，再单击“确定”按钮。

（3）在第 1 张幻灯片上插入一个声音文件，幻灯片放映时可自动播放音乐。

操作要点：选择第 1 张幻灯片，单击“插入”→“音频”→“PC 上的音频”按钮，选择 D:\上机\PPT\music.mp3，在动画窗格中选中编号为“1”的动画，选中它右击，在弹出的快捷菜单中选择“效果选项”，“开始播放”设置为“从头开始”，“停止播放”设置为“在第 5 张幻灯片后”，单击“确定”按钮。在“音频工具/播放”选项卡的“音频选项”组中勾选“放映时隐藏”复选框。

6．设置演示文稿的放映方式

（1）将演示文稿的放映方式设置为“观众自行浏览”，并选择“循环放映，按 Esc 键终止”按钮。

操作要点：单击“幻灯片放映”→“设置幻灯片放映”按钮，在弹出的“设置放映方式”对话框中选择“放映类型”为“观众自行浏览”，再选择“放映选项”为“循环放映，按 Esc 键终止”复选框。

（2）设置自定义放映，顺序为第 1 张、第 3 张、第 5 张、第 4 张，幻灯片放映名称为：“国家富强”。

操作要点：单击“幻灯片放映”→“自定义幻灯片放映”→“自定义放映”按钮，

在弹出的窗口中单击“新建”按钮，再输入幻灯片放映名称“国家富强”，在“在演示文稿中的幻灯片”按钮勾选“幻灯片 1”“幻灯片 3”“幻灯片 4”“幻灯片 5”后，单击“添加”按钮，在“在自定义放映中的幻灯片”按钮选中“幻灯片 5”，再单击“向上”按钮即可完成。

本实验制作效果如图 6-3 所示。

图 6-3　制作幻灯片效果图

三、自我训练——对“个人简介”演示文稿进行相关设置

（1）将所有幻灯片的标题的动画效果设置为“放大/缩小”，声音设置为“打字机”效果。文本的动画效果设置为“形状”。对象启动方式为单击时。

（2）将所有幻灯片的时间顺序调整为标题先出现，正文随后出现，图片最后出现。

（3）将所有幻灯片的切换效果设置为“溶解”。换页方式为单击鼠标换页及间隔 3 秒。

（4）为第 1 张幻灯片的标题设置超级链接，使其链接到某个 Word 文件。

（5）在第 2 张幻灯片的底部插入一个动作按钮，将其链接到最后一张幻灯片。

（6）在第 1 张幻灯片上插入一个影片文件，自动播放影片。

（7）设置自定义放映，顺序为第 3 张、第 2 张、第 1 张，幻灯片放映名称为：“个人简介”。

第7章 网络与信息安全实验

学习本章的目的是使学生掌握在互联网上共享资源的方法，并能综合运用网络知识解决实际问题。本章的主要内容包括网络基本操作和网络高级操作等。

实验1 网络命令、邮件发送与杀毒软件的使用

一、实验目的

（1）掌握 ping 命令的使用方法。
（2）掌握 IPConfig 命令的使用方法。
（3）掌握使用 Foxmail 收/发邮件的方法。
（4）掌握使用 Outlook Express 发送/保存邮件的方法。
（5）掌握另存网页文件的方法。
（6）掌握 360 杀毒软件的简单使用方法。

二、实验内容

1. 使用 ping 命令查看网络连通性

（1）打开“命令提示符”按钮。

操作要点：单击“开始”按钮，在搜索框中输入“cmd”命令，系统会搜索到 cmd 程序，按 Enter 键即可进入“命令提示符”状态。

（2）在命令提示符下输入“ping 127.0.0.1”命令，然后按 Enter 键，如图 7-1 所示。

2. 使用 IPConfig 命令显示 IP 的具体配置

操作要点：在命令提示符窗口中输入“ipconfig /all”命令，然后按 Enter 键，如图 7-2 所示。

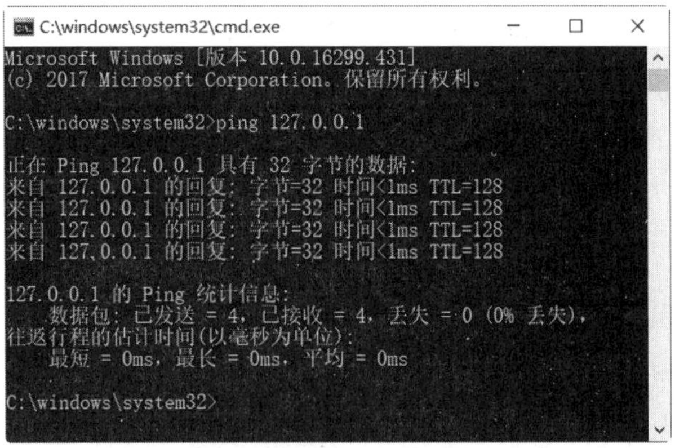

图 7-1　ping 命令示意图

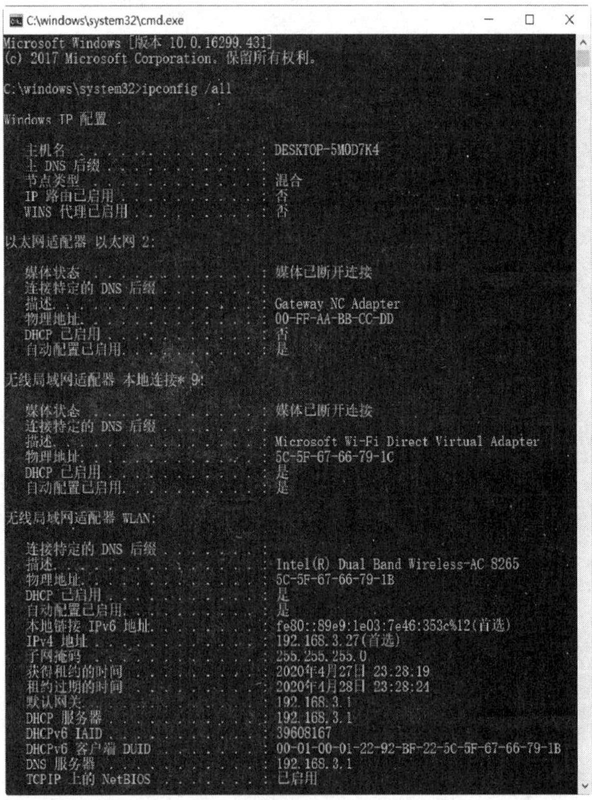

图 7-2　IPConfig 命令示意图

3. 利用 Foxmail 发送邮件

首先从 Internet 服务提供商（ISP）那里得到如下信息：邮件服务器名、账号名和密码及接收和发送邮件的服务器名。例如，163 邮箱的各服务器地址如下：

POP3 服务器：pop.163.com

SMTP 服务器：smtp.163.com

IMAP 服务器：imap.163.com

以 Foxmail 6.5 为例，打开 Foxmail 后进行以下操作：

1）添加邮件账号

操作要点：

（1）选择“邮箱”→“新建邮件账户”命令，在“向导”对话框中设置如图 7-3 所示的各个项目，在“密码”文本框中输入登录邮箱时的密码，单击“下一步”按钮。

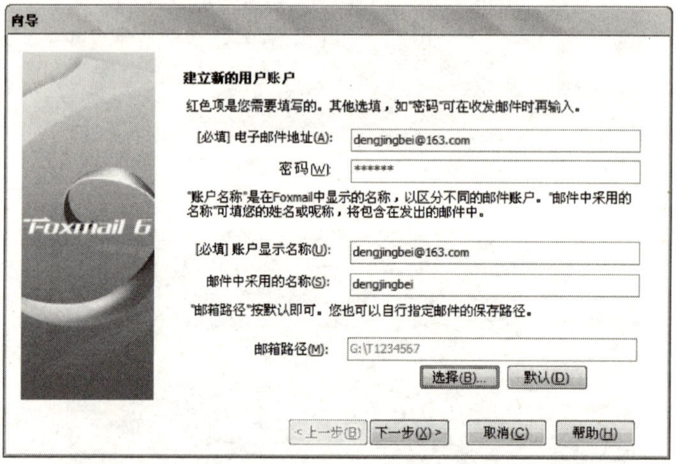

图 7-3　创建新用户账户

（2）设置接收邮件服务器与发送邮件服务器，如图 7-4 所示，单击“下一步”按钮。

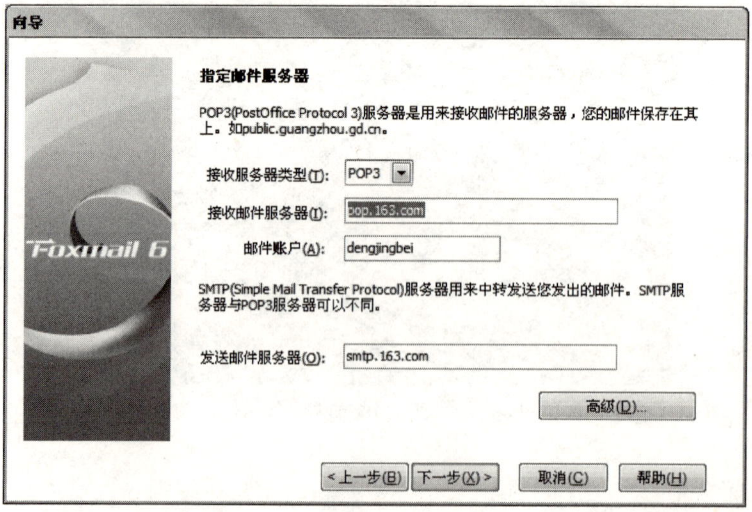

图 7-4　指定邮件服务器

（3）出现“账户建立完成”对话框，如图 7-5 所示，单击“测试账户设置”按钮，测试所做的账户设置是否可用，如果弹出如图 7-6 所示的对话框，则表示账户设置正确，该账户可用于邮件的收/发了。

（4）单击“完成”按钮。

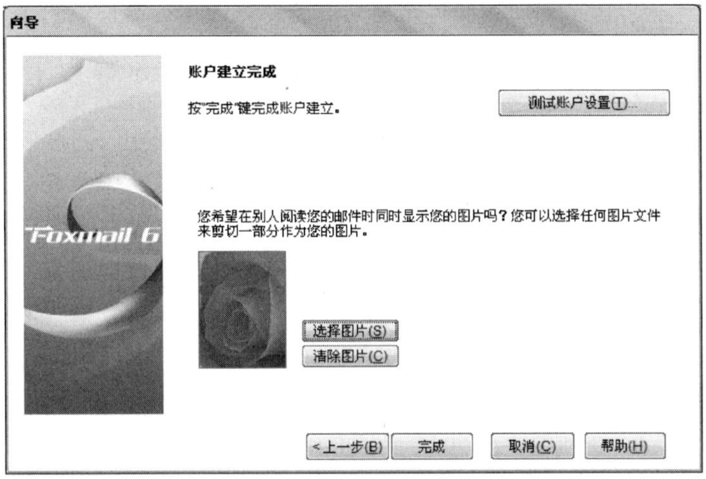

图 7-5　账户完成提示

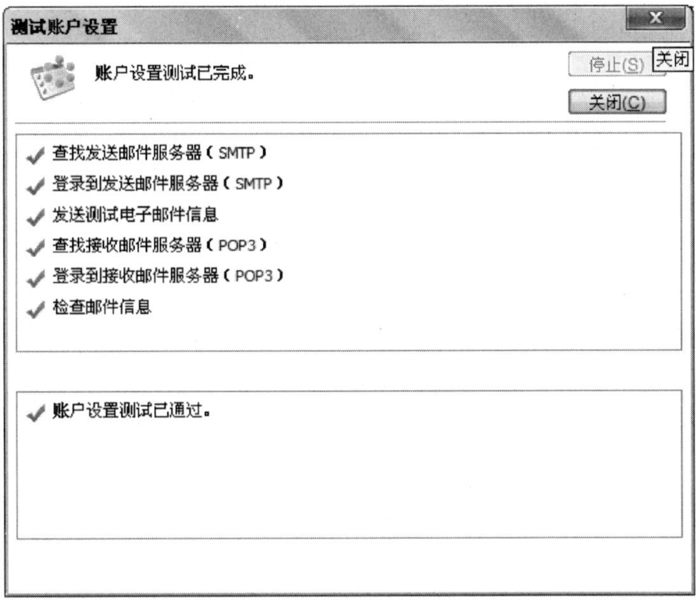

图 7-6　测试账户设置成功

2）写邮件

操作要点：

（1）选择“邮件”→“写新邮件”命令，或单击工具栏中的“撰写”按钮。

（2）在写邮件窗口中的“收件人”文本框中输入收件人的邮箱地址，在“主题”文本框中输入邮件主题，在“抄送”文本框中输入其他收件人的邮箱地址（也可以不填写），若输入多个邮箱地址则用分号间隔，从而将一份邮件发送给多个收件人，如图 7-7 所示。

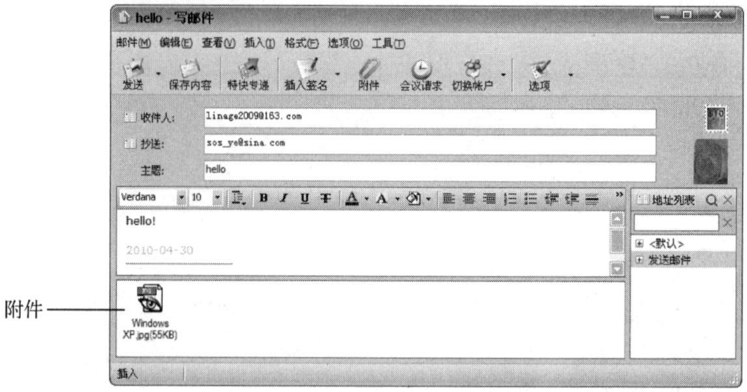

图 7-7　用 Foxmail 写邮件

3）插入附件

操作要点：

（1）在写邮件窗口中选择“插入”→“增加附件”命令，或者单击工具栏中的“附件”按钮，从“打开”对话框中选择要插入的文件，然后单击“打开”按钮。之后在邮件正文下方显示刚才插入的文件的图标。

（2）使用同样的方法可以在一个邮件中插入多个附件，也可以一次性插入多个附件，方法是在“打开”对话框中按住 Ctrl 键（不连续选择）或 Shift 键（连续选择），同时选择要插入的多个文件。

4）发送邮件

操作要点：选择“邮件”→“立即发送”命令，或者单击工具栏中的“发送”按钮。

5）接收邮件

操作要点：选择“文件”→“收取所有邮箱的邮件”命令，或者单击工具栏中的“收取”按钮。

4. 利用 Outlook Express 发送邮件

首先从 Internet 服务提供商（ISP）那里得到如下信息：邮件服务器名、账号名、密码及接收和发送邮件的服务器名。

打开 Outlook Express 后进行如下操作：

1）添加邮件账号

操作要点：

（1）选择“工具”→“账户”命令，在打开的对话框中单击“添加”→“邮件”按钮，在打开的姓名对话框中输入姓名，并单击“下一步”按钮。

（2）在“电子邮件地址”文本框中输入形如 john@163.com 这样的邮件地址，并单击“下一步”按钮。

（3）在“接收邮件服务器”和“发送邮件服务器”文本框中分别输入用户的 ISP 接收邮件服务器的地址 pop.163.com 或 imap.163.com，以及发送邮件服务器的地址 smtp.163.com，单击“下一步”按钮。

（4）在“Internet Mail 登录”界面分别输入 163 免费邮箱提供商给用户的账户名称和密码，单击“下一步”按钮。

（5）单击“完成”按钮。

2）写邮件

操作要点：

（1）选择“文件”→“新建”→“邮件”命令，或者单击工具栏中的“创建邮件”按钮。

（2）在“新邮件”窗口中的“收件人”文本框中输入收件人的邮箱地址，在“主题”文本框中输入邮件主题。

（3）在“抄送”文本框中输入其他收件人的邮箱地址（也可以不填写，若抄送多个收件人，则输入多个邮箱地址，用分号间隔），从而将一份邮件同时发送给多个收件人。

3）插入附件

操作要点：

（1）在“新邮件”窗口中选择“插入”→“文件附件”命令，或者单击工具栏中的“为邮件附加文件”按钮，从“插入附件”对话框中选择要插入的文件，然后单击“附件”按钮。这时“主题”下面增加一行“附件”，在“附件”文本框中显示刚才插入的文件的图标。

（2）使用同样的方法可以在一个邮件中插入多个附件，也可以一次插入若干个附件，方法是在“插入附件”对话框中按住 Ctrl 键（不连续选择）或 Shift 键（连续选择），同时选择要插入的多个文件。

4）发送邮件

操作要点：选择“文件”→“发送邮件”命令，或者单击工具栏中的 “发送”按钮。

5）接收邮件

操作要点：打开 Outlook Express，选择“工具”→“发送和接收”→“接收全部邮件”命令。

6）保存新写的邮件

如果不发送新写的邮件，而是将其保存到硬盘，则按如下方法操作。

操作要点：在如图 7-8 所示的新邮件窗口中选择“文件”→“另存为”命令，选定保存的位置并输入文件名后，单击“保存”按钮。

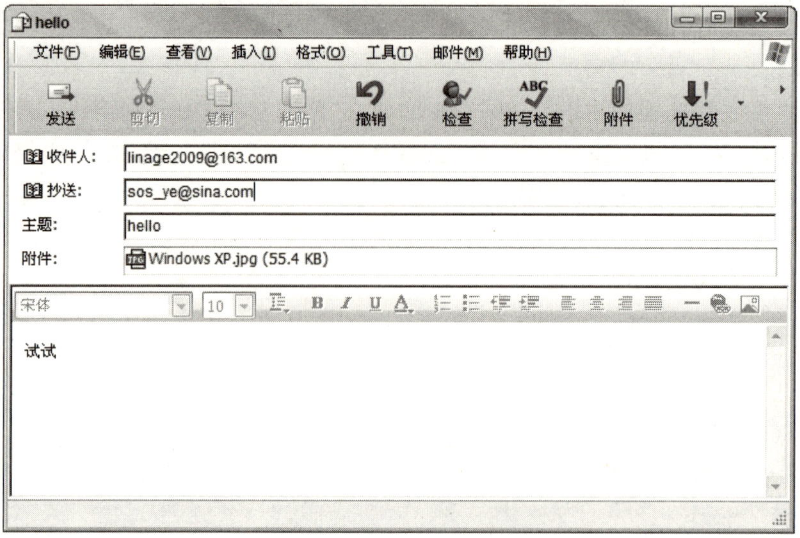

图 7-8　使用 Outlook Express 创建邮件

5. 另存网页文件

操作要点：

（1）打开广西民族大学主页 http://www.gxun.edu.cn/。

（2）选择“文件”→“另存为”命令，打开“保存网页”对话框。首先在“保存在”下拉列表中选择 D 盘，“保存类型”可设置为以下 4 种格式之一，即“网页，全部（*.htm，*html）”“Web 档案，单一文件（*.mht）”“网页，仅 HTML（*.htm；*.html）”“文本文件（*.txt）”，如图 7-9 所示。

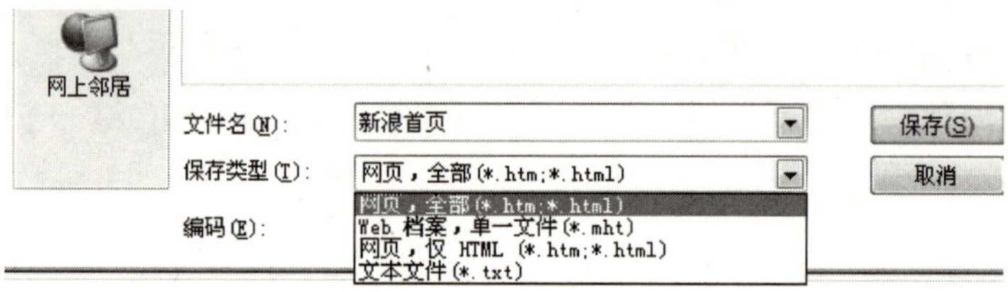

图 7-9　网页另存为

（3）单击“保存”按钮。

6. 杀毒软件的使用

下面以 360 杀毒软件为例介绍杀毒软件的使用方法。

操作要点：打开 360 杀毒软件。

（1）单击界面上的“快速扫描”图标。

（2）单击界面上的“全盘扫描”图标。

（3）单击界面上的“自定义扫描”图标，选择“本地磁盘（C:）”前的复选框，单击“确定”按钮。

三、自我训练

在 D 盘下新建一个 aa.docx 文件。

（1）使用 ping 命令验证与同一机房中某计算机的连接情况。

（2）记录本机的 IP 地址与本机的 DNS 服务器地址。

本机 IP 地址	
本机 DNS 服务器地址	

（3）利用 Foxmail 发送电子邮件，要求如下：

收件人地址：（指定一个正确的邮箱地址，如 10000@qq.com）

主题：春节大拜年

正文如下：

QQ 邮箱：

新年好！感谢你和我们一道走过了过去的一年！

过去的一年，当我和朋友用视频、邮件沟通的时候，当我用手机邮箱随时随地处理邮件的时候，当我在阅读空间中关注朋友、了解世界的时候，当我和朋友的邮件串成一串值得纪念的会话的时候，当我不用考虑文件大小就可以给好友发送文件的时候，当我用心记录下父母和朋友的生日，你通过邮件和短信提醒我的时候……我体会到了你优质的服务！

在这新的一年里，我们依然希望与你同行，用邮箱联系朋友，连接世界。

附件：将 D 盘下的 aa.doc 文件作为附件。

（4）利用 Outlook Express 重复第（3）题写邮件，一是发送该邮件，二是不发送该邮件，而是将其保存到本机 D 盘根目录下。

（5）打开网页 http://www.baidu.com/，将该网页分别保存为如下几种格式：①网页，全部（*.htm；*.html），②Web 档案，单一文件（*.mhtml），③网页，仅 HTML（*.htm；*.html），（4）文本文件（*.txt）。

（6）打开 360 杀毒软件，插入 U 盘，利用“自定义扫描”查杀 U 盘病毒。

实验 2　网络设置与资源共享

一、实验目的

（1）掌握设置计算机名与工作组的方法。

（2）掌握设置文件/文件夹共享的方法。

（3）掌握下载局域网内共享的文件/文件夹的方法。

（4）掌握设置 IE 属性的方法。

（5）掌握设置网络属性（IP 和 DNS 等）的方法。

二、实验内容

1. 设置计算机名与工作组

操作要点：在有管理员权限的前提下执行以下操作。

（1）在桌面上右击“此电脑”图标，在弹出的快捷菜单中选择“属性”命令，单击“更改设置”按钮。

（2）在弹出的“系统属性”对话框中切换到“计算机名”选项卡，单击下方的“更改”按钮。

（3）输入新的“计算机名”为 mypc，新的“工作组”名称为 workgroup，然后多次单击“确定”按钮，重启计算机即可。

2. 设置局域网文件夹/文件共享

假设对 IP 地址为 192.168.0.2 的计算机中的文件夹/文件设置共享。

1）对指定的文件/文件夹设置共享

操作要点：

（1）打开资源管理器，在 D:\根目录下新建一个文件夹，命名为“TPSC”，在系统中查找.jpg 图片文件，并复制若干张图片到该文件夹内。

（2）在资源管理器中找到“D:\ TPSC”文件夹，右击该文件夹，然后在弹出的快捷菜单中选择“属性”命令，单击“共享”标签。

（3）单击“共享”按钮，输入要与其共享的用户名“Everyone”，单击“添加”按钮，选择“权限级别”为“读取”，如图 7-10 所示。

（4）单击“共享”按钮，返回到文件夹“属性”窗口。

（5）单击“高级共享”按钮，出现“高级共享”对话框，勾选其中的“共享此文件夹”复选框，如图 7-11 所示。单击“确定”按钮，完成文件夹共享设置。

2）对网络进行配置

右键单击桌面右下角的“”按钮，选择“打开网络和 Internet 设置”→“共享选项”按钮，在弹出的对话框中进行以下设置，如图 7-12 所示。

3. 复制已共享的资源

假设 IP 为 192.168.0.10 的计算机（称为“PC1”）与 IP 为 192.168.0.2（称为“PC2”）的计算机在同一个局域网，PC1 的用户欲复制 PC2 上共享的“D:\TPSC”文件夹中的某些文件。

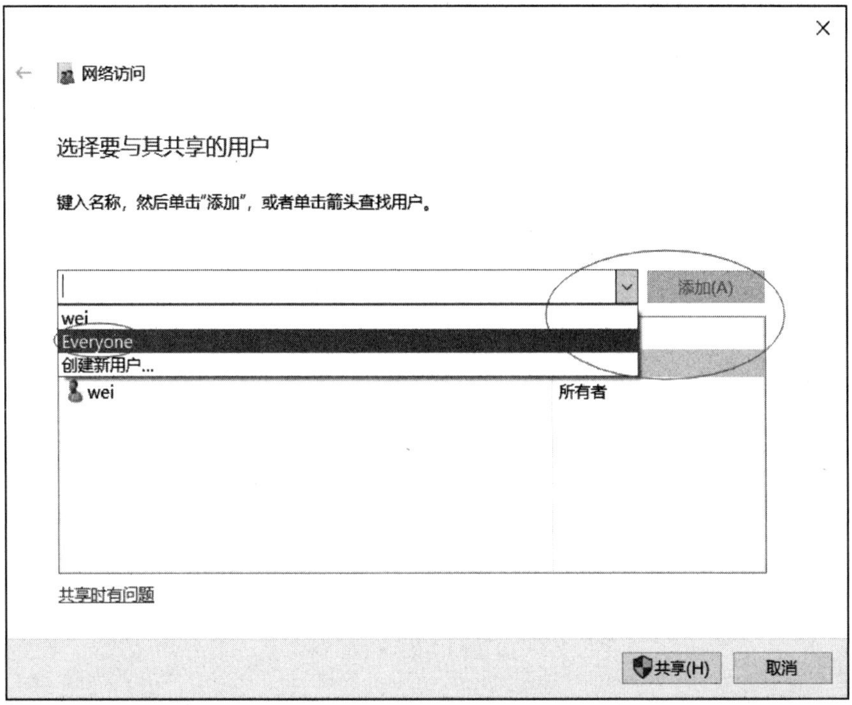

图 7-10　添加共享的用户

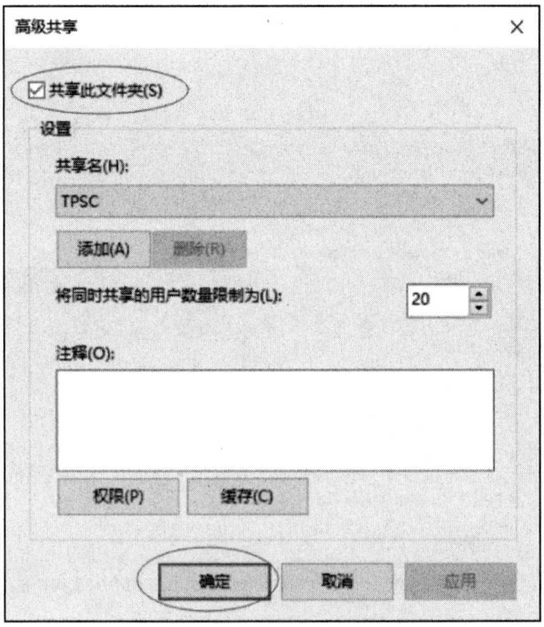

图 7-11　设置文件夹共享

操作要点：

（1）单击“此电脑”图标，在弹出窗口的左下角中选择“网络”命令，单击 PC1，即可看到已经共享的文件夹“TPSC”。部分电脑需要设置才能看见共享文件夹，设置方法如下：

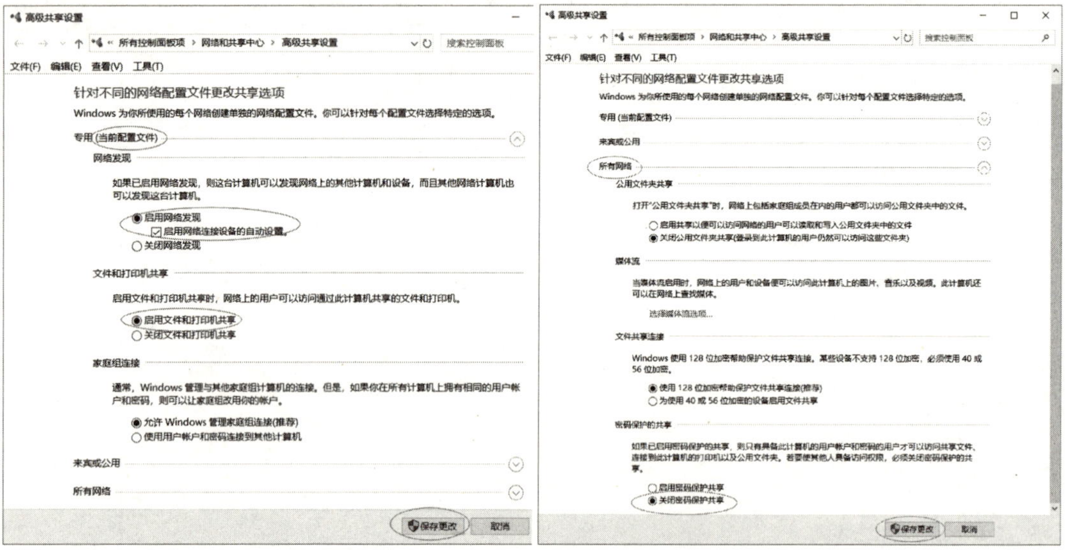

图 7-12　启用网络发现和文件共享

① 右键单击桌面左下角的“开始”按钮→在弹出窗口中选择“计算机管理”选项。

② 打开计算机管理后，在左侧依次展开：“服务和应用程序”→“服务”选项。

③ 在右边的“服务”界面找到“Function Discovery Resource Publication”服务，确认其启动运行，如图 7-13 所示。

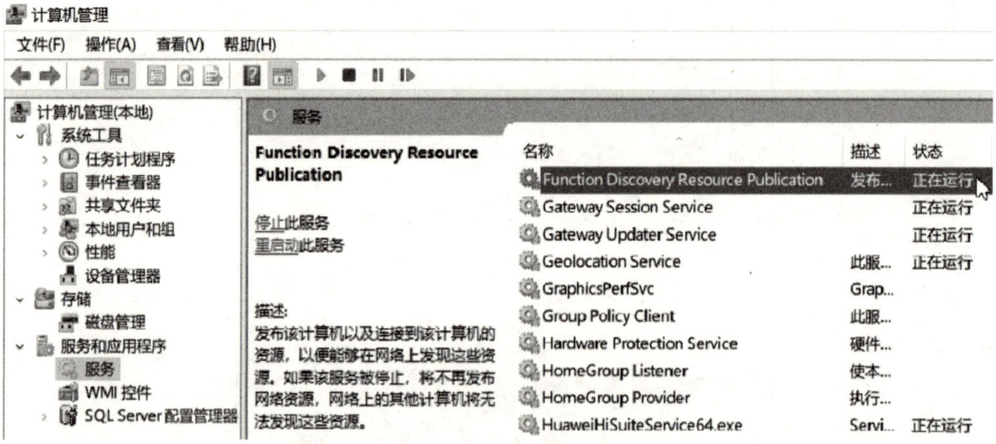

图 7-13　启动 Function Discovery Resource Publication 服务

④ 打开“此电脑”按钮→单击“网络”按钮，出现提示“网络发现和文件共享已关闭。看不到网络计算机和设备。单击以更改”→单击该提示信息→“启用网络发现和文件共享”，如图 7-14 所示。

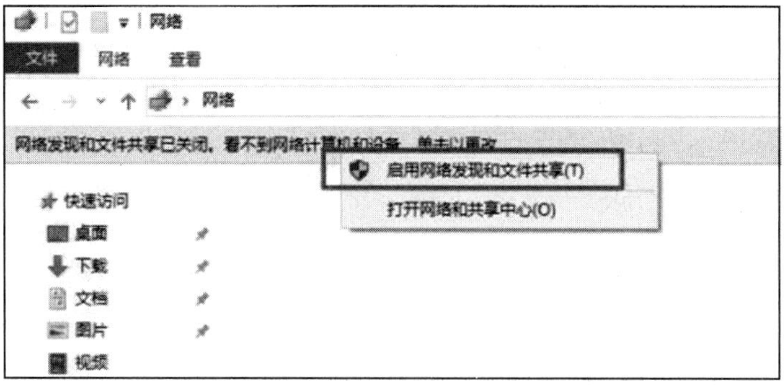

图 7-14　启用网络发现和文件共享功能

（2）在“TPSC”文件夹中选择需要复制的文件，右键单击已经选择的文件，选择“复制”选项。

（3）定位到 PC1 的目标位置处，右键单击空白处，选择“粘贴”选项。

4. 设置浏览器属性

浏览器属性设置包括常规属性、安全属性、隐私属性、内容属性、连接属性、程序属性和高级属性等的设置，本节以 360 浏览器为例，练习其常规属性与连接属性的设置。双击桌面上的 360 浏览器图标，启动 360 浏览器，单击“工具”→“Internet 选项”命令。

1）常规属性的设置

操作要点：在“Internet 属性”对话框中切换到“常规”选项卡。

（1）更改主页：在“主页”项中输入主页网址，如 http://www.gxun.edu.cn，也可以单击“使用当前页”“使用默认值”按钮设置主页。

（2）临时文件的处理：单击“删除”按钮，在弹出的“删除浏览历史记录”对话框中选择“临时 Internet 文件和网站文件”“Cookie 和网站数据”“历史记录”等进行删除即可。

2）连接属性中的代理服务器的设置

操作要点：在“Internet 属性”对话框中切换到“连接”选项卡。

（1）单击“局域网设置”按钮，在打开的“局域网（LAN）设置”对话框中选中“为 LAN 使用代理服务器”复选框。

（2）在“地址”文本框中输入一个正确的代理服务器的 IP，在“端口”文本框中输入相应的端口号。

（3）选中“对于本地地址不使用代理服务器（B）”复选框。

（4）单击“确定”按钮回到“Internet 属性”对话框中。

3）隐私属性的设置

操作要点：在“Internet 属性”对话框中切换到“隐私”选项卡。

（1）选中“启用弹出窗口阻止程序”复选框。

（2）单击“启用弹出窗口阻止程序”后面的“设置”按钮，在“阻止级别”中选“中：阻止大多数自动弹出窗口”，单击“关闭”按钮。

（3）单击“确定”按钮完成 360 浏览器属性的设置。

5. 设置计算机的 IP/DNS

操作要点：右键单击桌面右下角的“▣”按钮或“◪”图标，选择“打开网络和 Internet 设置”→“网络和共享中心”→“连接：以太网”或者“连接：WLAN”→“属性”命令，双击“Internet 协议版本 4（TCP/IPv4）”，在弹出的对话框中进行以下设置，如图 7-15 所示。

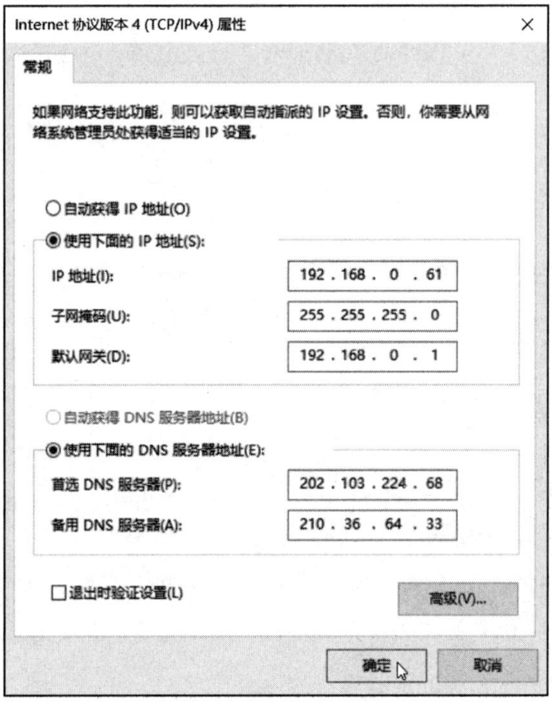

图 7-15　TCP 与 IP 属性设置

在“IP 地址”文本框中输入“192.168.0.61”。

在“子网掩码”文本框中输入“255.255.255.0”。

在“默认网关”文本框中输入“192.168.0.1”。

在“首选 DNS 服务器”文本框中输入“202.103.224.68”。

在“备用 DNS 服务器”文本框中输入“210.36.64.33”。

三、自我训练

（1）将本机的计算机命名为 demo，工作组命名为 workgroup。

（2）假设局域网内有两台 PC，IP 地址分别为 192.168.0.25 与 192.168.0.26，将 IP 地址

为 192.168.0.25 的 PC 的 D 盘设置为共享。

（3）访问共享文件。从 IP 地址为 192.168.0.25 的 PC 的 D 盘上复制一些文件到 IP 地址为 192.168.0.26 的 PC 的“D:\”目录下。

（4）设置 IE 浏览器的主页为 http://www.2345.com/，删除临时文件，清除历史记录，并将隐私设置为“中”，不阻止弹出窗口。

（5）对本机的 IP 属性进行如下设置：

IP 地址	192.168.1.2
子网掩码	255.255.255.0
默认网关	192.168.1.1
首选 DNS 服务器	202.96.134.133
备用 DNS 服务器	202.96.128.68

第2部分

习题集

- 习题1　计算机概论
- 习题2　计算机系统组成
- 习题3　Windows 10操作系统实验
- 习题4　Word文字处理
- 习题5　Excel电子表格
- 习题6　多媒体技术
- 习题7　计算机网络与信息安全

习题1

计算机概论

一、填空题

1. 计算机是一种能够按照事先存储的________，自动、快速、高效地对各种信息进行存储和处理的现代化智能电子设备。

2. 第________代电子计算机开始出现了操作系统。

3. 计算机具有模拟人的感觉和思维过程能力，表明目前计算机正朝着__________的方向发展。

4. __________被称为现代计算机之父。

5. 在计算机内部任何信息都以_____________的形式表示。

6. 汉字国标码（GB231280）把汉字分成__________等级。

7. _______________是计算思维的本质。

8. 汉字__________时采用输入码。

9. ______是R进制数中能够使用的最小数字符号。

10. 用计算机进行语言翻译和语音识别属于计算机在__________中的应用。

二、单项选择题

1. 有关第一台电子计算机ENIAC的说法，下面正确的是（　　）。

A. ENIAC是在20世纪50年代问世的

B. ENIAC的耗电太小了，所以它的功能也有限

C. ENIAC的中文含义是电子数字积分计算机

D. ENIAC是由牛顿等人研制成功的

2. 我们所说的裸机是指（　　）。

A. 无硬盘的计算机系统　　B. 无键盘的计算机系统

C. 无硬件系统的计算机系统　　D. 没有配备软件的计算机系统

3. 计算机应用范围广、自动化程度高是因为计算机（　　）。

A．内部采用二进制存储数据　　B．采用程序控制工作方式
C．运算速度快　　D．价格便宜，设计先进

4．计算机最早的应用领域是（　　）。
A．数据处理　　B．计算机辅助技术
C．科学计算　　D．多媒体技术应用

5．下列说法中，正确的是（　　）。
A．微型计算机最早出现于第一代计算机中
B．冯•诺伊曼提出的计算机体系结构奠定了现代计算机的结构理论基础
C．世界上第一台电子计算机 ENIAC 是 1950 年诞生的
D．按照计算机的运算速度，人们把计算机的发展过程分为四个时代

6．逻辑元件采用晶体管的计算机被称为（　　）。
A．第二代计算机　　B．第一代计算机
C．第四代计算机　　D．第三代计算机

7．第一代电子计算机使用的逻辑元件是（　　）。
A．晶体管　　B．集成电路
C．电子管　　D．大规模集成电路

8．世界上不同型号计算机的基本工作原理都是（　　）。
A．存储程序与程序控制　　B．多用户
C．多任务　　D．程序设计

9．在软件方面，第一代计算机主要使用（　　）。
A．高级语言　　B．数据库管理系统
C．机器语言　　D．BASIC 和 C 语言

10．计算机辅助设计的英文简写是（　　）。
A．CAT　　B．CAD
C．CAI　　D．CAM

11．计算机辅助教学的英文简写是（　　）。
A．CAM　　B．CAI
C．CAT　　D．CAD

12．计算机辅助制造的英文简写是（　　）。
A．CAI　　B．CAD
C．CAT　　D．CAM

13．财务软件属于（　　）。
A．数据处理　　B．自动控制
C．数值计算　　D．人工智能

14．（　　）是巨型计算机的主要特点。
A．质量大　　B．功能强
C．体积大　　D．功耗大

15．现代计算机之所以能够自动连续进行数据处理，主要是因为（　　）。

A．采用二进制　　B．采用半导体器件

C．采用开关电路　　D．具备存储程序的功能

16．对飞机、汽车、电视、自行车进行设计、绘图属于计算机在（　　）中的应用。

A．计算机辅助制造　　B．计算机科学计算

C．计算机教学和训练　　D．计算机辅助设计

17．汽车加工中心、数控机床、仪器制造系统，都属于（　　）。

A．CAM　　B．CIMS

C．CAD　　D．CAPP

18．用计算机控制人造卫星、无人驾驶飞机和导弹的发射属于计算机在（　　）中的应用。

A．辅助教学　　B．实时控制

C．辅助设计　　D．数据处理

19．有关计算机的叙述，下面正确的是（　　）。

A．模拟计算机是指处理用连续模拟量表示数据的计算机

B．小型计算机是指用于原子探测的计算机

C．巨型计算机是指处理大型事务的计算机

D．超级计算机是指专用于处理数字信息的计算机

20．下列有关人工智能的表述，不正确的是（　　）。

A．人工智能即是要计算机做人所做的事情

B．计算机博弈属于人工智能的范畴

C．AI 与人工智能有关

D．人工智能与机器智能不相同

21．PC 属于（　　）。

A．智能计算机　　B．微型计算机

C．中型计算机　　D．巨型机

22．下列有关计算机的描述，不正确的是（　　）。

A．计算机是一种具有逻辑判断功能的电子装置

B．计算机是一种具有信息处理能力的电子装置

C．计算机是一种可自动产生操作步骤的电子装置

D．计算机是一种高度自动化的电子装置

23．最能准确反映计算机主要功能的描述是（　　）。

A．计算机是一种信息处理机　　B．计算机可以实现自动化

C．计算机可以实现大量运算　　D．计算机可以代替人

24．目前许多企事业单位都使用计算机计算、管理职工工资，这属于（　　）。

A．CAI　　B．CAD

C．人工智能　　D．数据处理

25. 计算机中的数据是指（　　）。

A. 程序、数字

B. 声音、图形

C. 人工智能

D. 程序、数字、声音、图形等信息

26. 重码是指相同的一个编码可对应（　　）个汉字。

A. 1　　B. 2

C. 3　　D. 多

27. “全角”方式下，一个 ASCII 字符的显示位置等于（　　）个汉字的宽度。

A. 1　　B. 2

C. 3　　D. 半

28. 在汉字字模库中，32×32 点阵字形码用（　　）个字节存储一个汉字。

A. 16　　B. 32

C. 72　　D. 128

29. 下列数据中，不可能是八进制数的是（　　）。

A. 552　　B. 589

C. 643　　D. 322

30. 人们使用的微型计算机属于（　　）。

A. 数字计算机　　B. 专用计算机

C. 模拟计算机　　D. 模拟混合计算机

31. 有一个数值 152，它与十六进制数 6A 相等，那么它是（　　）。

A. 二进制数　　B. 四进制数

C. 八进制数　　D. 十进制数

32. 下列四个数中，不可能是二进制数的是（　　）。

A. 2102　　B. 10000111

C. 11110　　D. 10011

33. 以二进制和程序控制为基础的计算机体系结构是由（　　）最早提出的。

A. 莱布尼兹　　B. 图灵

C. 帕斯卡　　D. 冯·诺伊曼

34. ASCII 码是（　　）。

A. 输入码　　B. 国际码

C. 美国标准信息交换码　　D. 区位码

35. 在微机中，字符的比较是比较它们的（　　）。

A. ASCII 码值　　B. 国标码值

C. 区位码值　　D. 大小写值

36. ASCII 码是用（　　）位 0、1 字符串来编码的。

A. 30　　B. 14

C．20　　D．7

37．关于 ASCII 码在计算机中的表示方法，准确的描述是（　　）。

A．使用 8 位二进制数，最左边一位是 1

B．使用 8 位二进制数，最左边一位是 0

C．使用 8 位二进制数，最右边一位是 0

D．使用 8 位二进制数，最右边一位是 1

38．下列字符中，ASCII 码值最小的是（　　）。

A．b　　B．B

C．z　　D．Z

39．已知英文小写字母“a”的 ASCII 码值是十六进制数 61H，那么小写字母“d”的 ASCII 码值是（　　）。

A．74H　　B．64H

C．54H　　D．34H

40．下列字符中，ASCII 码值最大的是（　　）。

A．空格　　B．5

C．k　　D．G

41．按对应的 ASCII 码值来比较，下列不正确的是（　　）。

A．“c”比“b”大　　B．“t”比“R”大

C．“A”比“a”大　　D．逗号比空格大

42．五笔字型是一种（　　）汉字输入方法。

A．音码　　B．形码

C．音形码　　D．混合码

43．标准汉字库的容量取决于（　　）的大小。

A．汉字的尺寸　　B．汉字笔画数量

C．字模点阵　　D．内存的容量

44．在 32×32 点阵的字库中，“电”字的字模和“脑”字的字模所占的存储单元个数是（　　）。

A．“电”字占得多　　B．“脑”字占得多

C．两个字一样多　　D．不能确定

45．汉字的显示或打印质量与（　　）有关。

A．显示屏的大小　　B．计算机功率

C．汉字所用的点阵类型　　D．打印的速度

46．计算机内部信息的表示及存储采用二进制的最主要原因是（　　）。

A．避免与十进制混淆　　B．成本低

C．容易记忆和计算　　D．与逻辑电路硬件相适应

47．将八进制数 413 转换成十进制数是（　　）。

A．265　　B．299

C．267　　D．324

48．将二进制数 100101110 转换成十进制数是（　　）。

A．207　　B．200

C．218　　D．302

49．将十进制数 168 转换成二进制数是（　　）。

A．1011000　　B．10101000

C．101010　　D．110100

50．将十六进制数 10AC 转成二进制数是（　　）。

A．1000010101100　　B．1010011010101

C．1101110101010　　D．1000010110110

习题2 计算机系统组成

一、填空题

1．从计算机外部将信息输入计算机内部供计算机处理的设备称为_____。
2．将计算机中的数据输出的设备称为_____。
3．存储器容量的最小单位是______。
4．存储器容量的基本单位是_____。
5．存储器中的每个存储单元都指定一个_______，称为存储单元“地址”。
6．指令都是二进制形式的编码，它能被计算机_____。
7．目标程序是_____。
8．机器语言是_______的编码，能被计算机直接识别和执行。
9．应用软件是指_____。
10．源程序是_____。

二、单项选择题

1．计算机系统是由（　　）两大部分组成的。
A．硬件系统和软件系统　　B．程序和指令
C．硬件系统和操作系统　　D．主机和显示器
2．冯•诺依曼体系结构的计算机硬件系统由（　　）构成。
A．主机、内存
B．鼠标、键盘和 CPU
C．运算器、控制器、存储器、输入/输出设备
D．CPU、运算器、输入/输出设备
3．软件是指（　　）的总称。
A．文档和命令　　B．程序和文档

C．程序　　D．操作系统和指令

4．计算机软件系统分为（　　）两大类。

A．系统软件和应用软件　　B．应用软件和指令

C．操作系统和程序　　D．程序设计语言和文档

5．为了保护软件开发者的权益，我国已制定一些与计算机软件相关的法律，其中不包括（　　）。

A．国际法　　B．商业秘密法

C．著作权法　　D．专利法

6．计算机软件与硬件的关系是（　　）。

A．相互独立　　B．相互依存，不可分割的有机整体

C．相互对立　　D．以上均正确

7．软件和程序的主要区别是（　　）。

A．程序是用自然语言编写的，而软件是由高级语言编写的

B．软件是程序和文档的总称，而程序只是软件的一部分

C．程序是由程序员编写的，而软件是机器产生的

D．程序质量好，软件质量不好

8．我们所说的“裸机”指的是（　　）。

A．计算机主机暴露在外

B．计算机没有主机箱

C．未安装任何软件的计算机

D．只安装有操作系统的计算机

9．计算机的指挥中心是指（　　）。

A．运算器　　B．控制器

C．存储器　　D．中央处理器

10．（　　）组成了计算机的中央处理器，简称 CPU。

A．输入设备和输出设备　　B．控制器和运算器

C．主机和外设　　D．运算器和主机

11．（　　）是 PC 中最核心的部件，它决定了 PC 的性能和速度。

A．主机箱　　B．I/O 设备

C．CPU　　D．鼠标

12．计算机的 CPU 主频指的是（　　）。

A．控制器执行指令的速度

B．计算机的字长

C．CPU 内核工作时的时钟频率

D．运算器的运算速度

13．绝大多数 CPU 产品都是由（　　）公司生产的。

A．Intel 和 AMD　　B．神威和银河

C. 联想和 IBM　　D. 曙光和 Dell

14. 关于计算机 CPU 的字长，下面叙述不正确的是（　　）。

A. 字长越长，CPU 主频就越高

B. 字长越长，CPU 同时处理的数据位数越多

C. 字长越长，运算速度就越快

D. 字长越长，计算精度就越高

15. 一台计算机的 CPU 的字长为 4 个字节，它表示（　　）。

A. 能处理的数值最大为 4 位十进制数 99

B. 在 CPU 中运行的数据结果最大为 4 的 16 次方

C. 能处理的字符串最多为 4 个英文字母组成

D. 在 CPU 中作为一个整体同时加以传送和处理的数据是 32 位的二进制字符串

16. 我国自主研发出来的第一枚通用 CPU 微处理芯片是（　　）。

A. 联想　　B. 浪潮 1 号

C. 天河一号　　D. 龙芯 1 号

17. 从第一代电子计算机到第四代计算机的体系结构都是由运算器、控制器、存储器和输入/输出设备组成的，被称为（　　）体系结构。

A. 冯·诺伊曼　　B. 帕斯卡

C. 牛顿　　D. 图灵

18. 计算机的存储器分为（　　）。

A. U 盘和硬盘　　B. 光盘和软盘

C. ROM 和 RAM　　D. 内存和外存

19. 关于存储器，下列说法不正确的是（　　）。

A. 从存储器的某个单元取出其内容后，该单元的内容将消失

B. 从存储器的某个单元取出其内容后，该单元的内容仍保留不变

C. 存储器的某个单元存入新信息后，原来保存的内容自动丢失

D. 存储器中的内容可以无数次地读取

20. 运行计算机系统所需的关键程序和数据（如开机自检程序等）一般保存在（　　）中。

A. ROM　　B. 外设

C. 光盘　　D. RAM

21. 大量计算机暂时不执行的程序以及目前尚不需要处理的数据存放在（　　）。

A. 硬盘　　B. 外存

C. 外设　　D. Cache

22.（　　）称为计算机的主机。

A. CPU 和运算器　　B. 输入设备和输出设备

C. 主机和外设　　D. CPU 和内部存储器

23. 当前正在执行的程序和相关数据存放在计算机的（　　）中。

A．内存　　B．外存
C．硬盘　　D．光盘

24．通常我们所说的 64 位机，指的是这种计算机的 CPU（　　）。
A．能够同时处理 64 位二进制数据
B．只能处理 64 位的数据
C．内部有 64 个存储器
D．内部有 64 个寄存器

25．下面所列出的存储器，哪个是（　　）CPU 访问速度最快的存储器。
A．内存储器　　B．外存储器
C．硬盘　　D．U 盘

26．外存储器的数据要（　　）才能被 CPU 直接处理。
A．调入 ROM　　B．转换成 0、1 代码串
C．调入 RAM　　D．调入主机

27．计算机中的“内存”或“主存储器”一般是指（　　）。
A．控制器　　B．运算器
C．ROM　　D．RAM

28．内存与外存的主要差别是（　　）。
A．内存存储容量大，速度快，价格更便宜（以兆算），外存则相反
B．内存存储容量大，速度慢，价格更便宜（以兆算），外存则相反
C．内存存储容量小，速度快，价格更贵（以兆算），外存则相反
D．内存存储容量小，速度慢，价格更贵（以兆算），外存则相反

29．下面关于计算机的 RAM 特点，正确的是（　　）。
A．只能写入信息，且断电后就丢失
B．只能读出信息，不能写入信息
C．能写入和读出信息，断电后信息也不丢失
D．能写入和读出信息，但断电后信息就丢失

30．下面关于计算机的 ROM 特点，正确的是（　　）。
A．仅可以一次读出信息，但可以多次写入信息
B．可以多次读出信息，但可以仅写入一次信息
C．可以读出信息，但不可以写入信息，断电后信息也不丢失
D．既可以读出信息，也可以写入信息，断电后信息也不丢失

31．PC 上的（　　）都做成内存条。
A．外存　　B．ROM
C．RAM　　D．Cache

32．从键盘输入的数据首先存放在计算机的（　　）中。
A．外存　　B．内存
C．U 盘　　D．光盘

33．PC 上普遍使用的高速缓冲存储器就是指（　　）。

A．静态存储器　　B．Cache

C．动态存储器　　D．随机存取存储器

34．在计算机中配置 Cache 的目的是要解决（　　）。

A．CPU 与内存储器之间速度不匹配问题

B．CPU 与辅助存储器之间速度不匹配的问题

C．内存存储容量不足的问题

D．内存与辅助存储器之间速度不匹配问题

35．把硬盘驱动器称为外存的原因是（　　）。

A．使用磁性材料作为存储介质

B．CPU 能直接存取其中的信息

C．CPU 不能直接存取其中的信息

D．硬盘驱动器放在主机箱外面

36．关于存储容量单位之间的换算关系，下面正确的是（　　）。

A．1MB=1024 KB　　B．1MB=1024 GB

C．1B=1024 bit　　D．1GB=1024 TB

37．光驱的倍速越大，则（　　）。

A．声音就越好　　B．所能读取光盘的容量越小

C．播放 DVD 效果越好　　D．数据传输速度就越快

38．移动硬盘和 U 盘是属于（　　）。

A．机器　　B．外存储器

C．内存储器　　D．运算器

39．用户输入的数据要及时保存到（　　）中以避免由于突然断电而造成丢失。

A．外存　　B．RAM

C．ROM　　D．磁盘

40．下面不属于外存的是（　　）。

A．硬盘　　B．软盘

C．光盘　　D．RAM

41．不同的外部设备必须通过不同的（　　）才能与主机相连。

A．总线　　B．接口电路

C．线路　　D．部件

42．关于 U 盘的说法中，正确的是（　　）。

A．U 盘的存储介质是由半导体材料构成的

B．U 盘的存储介质是由磁性材料构成的

C．在插上或拔下 U 盘时必须先关闭电源

D．在使用 U 盘时应避免摇动，以免损坏

43．一个 52 倍速的 CD-ROM 光盘驱动器的数据传输速率是（　　）。

A．7.8Mbps　　B．100Mbps
C．21Mbps　　D．26Mbps

44．关于磁盘格式化，下面说法正确的是（　　）。
A．只有新磁盘可以格式化，旧磁盘（使用过的）不能进行格式化
B．新磁盘在首次使用前必须格式化，旧磁盘也可以格式化，格式化后所存的数据被清除
C．新磁盘格式化后可以存放更多的数据
D．新磁盘不用格式化也可以使用，只不过数据存放的时候杂乱无章罢了

45．关于 CD-ROM 光盘驱动器和光盘，下面说法错误的是（　　）。
A．CD-ROM 光盘都是单面的，正面存储信息，背面印制标签
B．CD-ROM 光盘上的光道和磁盘上的磁道一样，都是一个个的同心圆
C．基于激光技术的外部存储设备，其存储介质是光盘
D．通过 CD-ROM 光盘驱动器只能读取光盘上的数据，而不能保存数据到光盘中

46．打印质量最好的打印机是（　　）。
A．激光打印机　　B．针式打印机
C．击打式打印机　　D．喷墨打印机

47．PC 的接口卡位于（　　）之间。
A．外部设备与总线　　B．主板与总线
C．内存与外部设备　　D．硬盘与外部设备

48．PC 中的显示器是连接在（　　）上的。
A．CPU 插槽　　B．硬盘
C．内存条插槽　　D．显卡

49．打印机不能打印文档的原因不可能是因为（　　）。
A．没有经过打印预览查看　　B．没有安装打印驱动程序
C．没有打开打印机的电源　　D．没有连接打印机

50．（　　）属于输入设备。
A．触摸屏　　B．打印机
C．绘图仪　　D．显示器

51．（　　）不属于输出设备。
A．扫描仪　　B．音箱
C．打印机　　D．绘图仪

52．（　　）不属于外部设备。
A．绘图仪和软盘　　B．音箱和显示器
C．触摸屏和光盘　　D．ROM 和 RAM

53．PC 的硬盘正在工作时，对它影响最大的情况是（　　）。
A．环境昏暗　　B．光线直射
C．剧烈震动　　D．较大噪声

54．由（　　）两部分构成计算机的基本指令。

A．操作数和地址码　　B．操作码和操作数

C．操作码和操作数地址码　　D．命令和地址码

55．Excel 2016 软件属于（　　）。

A．应用软件　　B．调试程序

C．汇编语言　　D．解释程序

56．应用软件和系统软件的关系是（　　）。

A．相互独立

B．系统软件是应用软件的基础

C．应用软件是系统软件的基础

D．以上说法都不正确

57．最基础、最重要的系统软件是（　　），如果缺少它，计算机就无法工作。

A．程序库　　B．语言处理程序

C．操作系统　　D．调试程序

58．单位所使用的工资管理软件属于（　　）。

A．应用软件　　B．系统软件

C．传播软件　　D．程序软件

59．将汇编语言源程序翻译成目标程序的工具是（　　）。

A．编译程序　　B．系统软件

C．编辑程序　　D．汇编程序

60．操作系统的作用是（　　）。

A．把源程序翻译成目标程序

B．实现软、硬件的交流

C．管理和控制系统资源的使用

D．提供优质服务

61．不属于系统软件的是（　　）。

A．语言处理程序　　B．操作系统

C．实用程序　　D．画图

62．内存与磁盘交换信息是以（　　）为单位进行的。

A．吉字节　　B．兆字节

C．字　　D．字节

63．编译程序和解释程序的主要区别是（　　）。

A．解释程序把源程序翻译成目标程序，而编译程序则翻译成语言处理程序

B．编译程序是把源程序整体翻译成目标程序后再执行，而解释程序则边翻译边执行

C．编译程序执行速度快，而解释程序执行速度慢

D．两者之间没有区别

64．语言处理程序分为（　　）。

A．解释程序、汇编程序和编译程序
B．操作指令、汇编程序和翻译程序
C．由程序员编写的程序、可执行程序和由用户编写的程序
D．机器语言程序、调试程序和高级语言程序
65．下面有关程序设计语言的说法中，正确的是（　　）。
A．程序设计语言编写的程序不可以直接运行
B．程序设计语言分为高级语言和低级语言
C．程序设计语言分为机器语言、汇编语言和高级语言
D．程序设计语言分为自然语言和高级语言

习题 3

Windows 10 操作系统实验

一、填空题

1．操作系统具有________、存储管理、I/O 设备管理和信息管理等功能。

2．操作系统按照硬件的结构可分为大型机操作系统、小型机操作系统和______。

3．按照服务功能可把操作系统大致分成 6 类，即批处理操作系统、______、实时操作系统、嵌入式操作系统、网络操作系统和分布式操作系统。

4．在 Windows 10 系统中，一个硬盘可以分为磁盘主分区和______。

5．Windows 10 系统支持的文件系统有 FAT、FAT32 和______。

6．对信号的输入、计算和输出都能在一定的时间范围内完成的操作系统称为______。

7．控制面板是 Windows 10 系统的一个程序组，用于______。

8．不能出现在 Windows 10 系统的文件名中的符号有______。

9．(纯）文本文件的扩展名是______。

10．计算机最重要的系统软件是________，若缺少它，则计算机系统无法工作。

11．一个文件标识符为“D:\STUDY\BOOK\A1.txt”，其中的“BOOK”表示______。

12．Windows 10 系统存放系统文件的目录称为主目录，这个文件夹的路径通常是______。

二、单项选择题

1．下列关于操作系统的叙述，错误的是（　　）。

A．操作系统是系统软件，直接运行在裸机之上

B．操作系统负责管理计算机的资源

C．操作系统是软件与硬件的接口，也是用户与计算机之间的“桥梁”

D．操作系统是计算机系统中的一个应用软件

2．下列不属于操作系统的是（　　）。

A．Unix　　B．DOS
C．CAD　　D．Windows

3．关于操作系统，以下说法正确的是（　　）。
A．一台计算机不能安装多个操作系统
B．Unix 和 Linux 都是免费系统，可以自由安装并任意修改软件的源代码
C．Windows 是运行于 Macintosh 系列计算机的操作系统
D．Android 操作系统主要使用于便携设备

4．Windows 10 是一个（　　）操作系统
A．单用户与单任务　　B．单用户与多任务
C．多用户与单任务　　D．多用户与多任务

5．不属于 Windows 10 操作系统特点的是（　　）。
A．图形界面　　B．多任务
C．即插即用　　D．财务管理

6．按照服务功能可将操作系统大致分成以下 6 类：网络操作系统、分布式操作系统、实时操作系统以及（　　）。
A．批处理操作系统、桌面操作系统、服务器操作系统
B．嵌入式操作系统、分时操作系统、批处理操作系统
C．分时操作系统、单用户操作系统、多用户操作系统
D．小型计算机操作系统、分时操作系统、大型计算机操作系统

7．Windows 10 能够实现的功能不包括（　　）。
A．存储管理　　B．I/O 设备管理
C．处理器管理　　D．路由管理

8．关于网络操作系统和分布式操作系统，以下说法正确的是（　　）。
A．两者都可用于管理分布在不同地理位置的计算机
B．使用这两种操作系统的用户都必须知道网址
C．网络操作系统是分布式操作系统的更高级形式
D．网络操作系统必须在同类型的网络硬件上运行

9．在计算机系统中，通常所说的“系统资源”指的是（　　）。
A．硬件　　B．软件
C．数据　　D．以上都是

10．操作系统的“多任务”是指（　　）。
A．可以同时由多个人使用　　B．可以同时运行多个程序
C．可连接多个设备运行　　D．可以安装多种软件

11．按照硬件的结构可把操作系统分为大型计算机操作系统、小型计算机操作系统和（　　）。
A．服务器操作系统　　B．微型计算机操作系统
C．实时操作系统　　D．多用户操作系统

12．Windows 10 安装成功后，将生成 3 个系统文件夹，以下哪个不是（　　）。

A．Drivers 文件夹　　B．用户文件夹

C．Program Files 文件夹　　D．Windows 文件夹

13．启动 Windows 实质是（　　）。

A．给计算机加电

B．清除计算机中的病毒

C．将 Windows 系统文件调入内存，使操作系统处于待命状态

D．检测并清除软硬件故障

14．启动 Windows 桌面上某个图标所对应的程序的操作是（　　）。

A．按住鼠标左键将该图标拖放到适当位置

B．右击该图标，在弹出的快捷菜单中选择“创建快捷方式”命令

C．右击桌面空白处，在弹出的快捷菜单中选择“重命名”命令

D．双击该图标

15．为了重新排列 Windows 桌面上的图标，可（　　），在弹出的菜单中选择排序方式。

A．右击桌面空白处　　B．右击任务栏空白处

C．右击窗口的空白处　　D．右击开始按钮

16．图标是 Windows 10 的重要元素之一，下面对图标的描述错误的是（　　）。

A．图标可以表示被组合在一起的多个程序，既可以代表程序也可以代表文档

B．图标可能是仍然在运行但窗口被最小化的程序

C．图标可以被删除，但回收站图标不能删除

D．图标只能代表某个应用程序

17．在 Windows 10 操作系统中，桌面指的是（　　）。

A．办公桌面　　B．屏幕上的所有图标

C．Windows 10 的主控窗口　　D．活动窗口

18．下列关于快捷方式的叙述，错误的是（　　）。

A．与快捷方式关联的不一定是应用程序，也可以是其他类型的文件

B．快捷方式包含了对象本身

C．若图标的左下角带有小前头，则表示它是快捷方式图标

D．快捷方式可以放在桌面、“开始”菜单或文件夹下

19．在 Windows 桌面上，无法建立（　　）的快捷方式图标。

A．文件或文件夹　　B．应用程序

C．打印机　　D．“开始”菜单

20．在“资源管理器”窗口中，不能在桌面上创建应用程序的快捷图标的操作是（　　）。

A．用鼠标左键将该程序的图标拖放到桌面上

B．用鼠标右键将该程序的图标拖放到桌面上，在弹出的快捷菜单中选择“在当前

位置创建快捷方式”

C．按住 Alt 键的同时将该程序的图标拖到桌面上

D．右击该程序图标，在弹出的快捷菜单中依次选择“发送到”和“桌面快捷方式”

21．从 Windows 桌面上删除一个快捷方式图标，说法正确的是（　　）。

A．仅删除桌面该快捷方式图标

B．该快捷方式图标对应的程序将不能正常运行

C．该快捷方式对应的程序也被删除

D．快捷方式图标一旦删除就无法重新建立

22．若桌面上找不到“此电脑”图标，添加的方法是（　　）。

A．在“回收站 属性”对话框中，单击“自定义桌面”按钮进行设置

B．在“系统”对话框中，单击“更改桌面图标”按钮进行设置

C．在“任务栏和‘开始’菜单属性”对话框中，单击“自定义桌面”按钮进行设置

D．在“个性化”窗口中，选择“主题”选项的“桌面图标设置”进行设置

23．Windows 窗口的标题栏右侧有三个按钮，中间一个显示的名称可能是（　　）。

A．“最大化”或“最小化”　　B．“最小化”或“还原”

C．“最大化”或“还原”　　D．“最小化”或“关闭”

24．在 Windows 中，用户可以同时打开多个窗口，这些窗口可以层叠或并排排列，要想改变窗口的排列方式，应进行的操作是（　　）。

A．右击“任务栏”空白处，在弹出的快捷菜单中选取要排列的方式

B．右击桌面空白处，然后在弹出的快捷菜单中选取要排列的方式

C．先打开“资源管理器”窗口，选择“查看”选项卡中的“排序方式”选项

D．先打开“资源管理器”窗口，选择“查看”选项卡下的“排列图标”选项

25．在 Windows 中，双击窗口的标题栏，操作结果是（　　）。

A．最大化窗口或还原窗口　　B．最小化窗口

C．关闭窗口　　D．移动窗口

26．在窗口中按组合键“Alt + 空格”，可以（　　）。

A．打开快捷菜单　　B．打开控制菜单

C．关闭窗口　　D．以上答案都不对

27．下面关于 Windows 窗口的描述，错误的是（　　）。

A．窗口是 Windows 应用程序的用户界面

B．Windows 的桌面也是窗口

C．窗口的大小和位置都可以改变

D．窗口主要由标题栏、功能区、工作区、状态栏、滚动条、边框等组成

28．在 Windows 中，用鼠标双击窗口左上角的“控制菜单图标”，可以（　　）。

A．放大该窗口　　B．缩小该窗口

C．关闭该窗口　　D．移动该窗口

29．在 Windows 10 中，将应用程序窗口最小化以后，应用程序（　　）。

A．继续运行　　B．暂停运行

C．被关闭了　　D．停止运行

30．下列对窗口滚动条的叙述，正确的是（　　）。

A．每个窗口都有水平滚动条

B．每个窗口都有水平和垂直滚动条

C．每个窗口都有垂直滚动条

D．每个窗口在未能显示所有内容时都会出现必要的滚动条

31．下列关于快捷菜单的描述，错误的是（　　）。

A．快捷菜单可以显示与某一对象相关的命令组

B．选定需要操作的对象，单击它，即弹出快捷菜单

C．选定需要操作的对象，右击它，即弹出快捷菜单

D．按 Esc 键或单击桌面或窗口中的任意空白区域，都可以关闭快捷菜单

32．若出现鼠标故障而不能使用时，用键盘打开“开始”菜单的操作是（　　）。

A．按 Alt+Tab 键　　B．按 Ctrl+Alt+Del 键

C．按 Ctrl+Esc 键或 Win 键　　D．按空格键

33．在 Windows 中，要在已打开的各个窗口之间进行切换，不能用（　　）方式。

A．按 Alt+Tab 键　　B．按住 Ctrl，再按 Tab

C．按住 Alt，再按 Shift+Tab　　D．按 Alt+Esc

34．在“资源管理器”窗口中，要激活“文件”下拉菜单，应该按（　　）键。

A．Alt+F　　B．Ctrl+F

C．Shift+F　　D．F

35．Windows 窗口不包含（　　）。

A．标题栏　　B．功能区

C．状态栏　　D．任务栏

36．Windows 中灰色的选项表示（　　）。

A．该项已经被使用　　B．选择该项后将弹出对话框

C．该项不能使用　　D．该项需要双击打开

37．下列关于 Windows 对话框的叙述，不正确的是（　　）。

A．对话框是由系统提供的矩形框，接收用户输入的信息或选择项内容

B．对话框中一般有命令按钮、文本框、下拉列表框等基本元素。

C．对话框的位置和大小可以改变

D．对话框没有“最小化”和“最大化”按钮

38．在对话框中，可能会出现选择按钮，其中，复选按钮的形状为（　　）。

A．方形，若被选中，中间显示对勾

B．方形，若被选择，中间显示圆点

C．长形，若被选中，中间显示数字

D．圆形，若被选择，中间显示圆点

39．下列关于 Windows 对话框的叙述，正确的是（　　）。

A．对话框中不会出现下拉列表框

B．对话框中不会出现文本框

C．对话框中有最大化按钮

D．对话框中没有控制菜单

40．在 Windows 中，有的对话框右上角有“？”按钮，它的功能是（　　）。

A．关闭对话框　　B．获取帮助信息

C．便于用户输入问号　　D．将对话框最小化

41 在 Windows 10 中，关于“开始”菜单的叙述，以下说法正确的是（　　）。

A．能把经常用到的应用项目，固定到右侧的开始屏幕中

B．“开始”菜单的大小不能调整

C．无法通过“开始”菜单执行程序

D．“开始”菜单右侧的开始屏幕中的图标不能自动调整

42．Windows“任务栏”可以实现的主要功能不包括（　　）。

A．切换输入法　　B．排列桌面图标

C．排列和切换窗口　　D．启动“开始”菜单

43．在 Windows 中，“任务栏”的主要作用是（　　）。

A．显示系统的“开始”菜单　　B．显示当前活动窗口

C．显示正在后台工作的窗口　　D．实现窗口之间的切换

44．右击 Windows“任务栏”空白处，在弹出的快捷菜单中没有（　　）功能。

A．显示桌面　　B．对打开的窗口进行重新排列

C．将所有打开的窗口最大化　　D．启动任务管理器

45．以下关于任务栏的叙述，错误的是（　　）。

A．不能隐藏任务栏

B．任务栏的位置和大小均可改变

C．已打开的窗口以按钮的形式显示于任务栏中

D．锁定在任务栏上的按钮可以添加或删除

46．如果设置了“任务栏”自动隐藏，在需要使用“任务栏”时，应（　　）。

A．重启 Windows 系统

B．执行取消“任务栏”的自动隐藏属性操作

C．将鼠标指针指向桌面的边界并停留

D．重新安装 Windows 系统

47．桌面上的任务栏可出现在屏幕的（　　）。

A．底部　　B．四周

C．右边　　D．左边

48．在 Windows 中，下列不能运行一个应用程序的操作是（　　）。

A．双击资源管理器窗口中的应用程序图标

B．双击桌面上的应用程序快捷方式图标

C．拖动应用程序图标

D．在资源管理器窗口中右击应用程序图标，然后在弹出的快捷菜单中选择“打开”

49．在 Windows 中，当一个应用程序窗口被关闭后，该应用程序将（　　）。

A．仅保留在内存中　　B．同时保留在内存和外存中

C．从外存中清除　　D．仅保留在外存中

50．在 Windows 中，用于对系统进行设置和控制的程序组是（　　）。

A．回收站　　B．资源管理器

C．桌面　　D．控制面板

51．在 Windows 的“控制面板”窗口中，要查看系统硬件设备信息，则双击（　　）图标。

A．“程序和功能”　　B．“设备管理器”

C．“显示”　　D．“个性化”

52．在 Windows 中，打开“个性化”面板的操作是（　　）。

A．右击桌面空白处，在弹出的快捷菜单中选择“个性化”选项

B．右击“开始”按钮或“任务栏”空白处，在弹出的快捷菜单中选择“个性化”选项

C．右击资源管理器窗口空白处，在弹出的快捷菜单中选择“个性化”选项

D．在控制面板中双击“系统”图标

53．在 Windows 中，要删除一个应用程序，正确的操作是（　　）。

A．打开“资源管理器”窗口，对该程序进行“剪切”操作

B．打开“控制面板”窗口，使用“程序和功能”命令

C．打开“资源管理器”窗口，选定要删除一个应用程序，然后按 Delete 键

D．打开“开始”菜单，选中“搜索条”选项，在对话框中使用 Delete 命令

54．在 Windows 的“Windows 设置”窗口中，要对各种输入法进行设置，则双击（　　）项。

A．系统　　B．程序和功能

C．个性化　　D．时间和语言

55．在带有打印机的计算机系统中，启动 Windows 时，报告发现新硬件，最可能是（　　）。

A．打印机没有注册　　B．打印机的数据线没有连接好

C．没有安装打印机驱动程序　　D．打印机的电源没有接通

56．要安装某个软件，正确的方法是（　　）。

A．直接运行安装盘中的安装程序 Setup.exe 或 Install.exe

B．将其他用户安装好的软件所在的文件夹整个复制到本地硬盘相同的目录下

C．选择“开始”菜单中的“Windows 附件”

D．运行软件中所有扩展名为.exe 的可执行文件

57．在 Windows 10 中，要查看 CPU 主频、内存大小和所安装操作系统等信息，可选择“控制面板”的（　　）项。

A．“程序和功能”　　B．“设备管理器”

C．“系统”　　D．“显示”

58．如果用户在一段时间（　　），Windows 将启动执行屏幕保护程序。

A．没有打开窗口　　B．没有移动鼠标

C．既没有按键盘，也没有移动鼠标　　D．没有使用打印机

59．可以在“Windows 设置”窗口中的（　　）项中设置显示器的分辨率。

A．“程序和功能”　　B．“系统”的“显示”

C．“字体”　　D．“桌面小工具”

60．如果想更改桌面背景，可以在“Windows 设置”窗口中的（　　）项中进行设置。

A．“系统”　　B．“显示”

C．“字体”　　D．“个性化”

61．在 Windows 中，“文件”是指（　　）。

A．一组相关图片的有序集合　　B．一组相关程序的有序集合

C．一组相关文档的有序集合　　D．一组相关数据的有序集合

62．磁盘文件内容可以是（　　）。

A．整个显示器　　B．整张光盘

C．一张图片　　D．整个硬盘

63．下面是关于 Windows 文件名的叙述，错误的是（　　）。

A．文件名中至多可有 8 个字符

B．搜索文件时，文件名可以使用通配符*或?

C．文件名中允许使用汉字和空格

D．文件名不区分大小写

64．在 Windows 中，下列文件名中错误的是（　　）。

A．My Program Group　　B．filefilebas

C．A<B.C　　D．ABC.FOR

65．在 Windows 下可直接运行扩展名为（　　）的文件。

A．.EXE　　B．.ASC

C．.BAK　　D．.DOCX

66．在 Windows 中，文件扩展名用来区分文件的（　　）。

A．建立日期　　B．存放位置

C．类型　　D．大小

67．在 Windows 中，给文件命名时不允许使用（　　）。

A．多个圆点字符　　B．长达 255 个字符

C．“?”和“*”字符　　D．汉字字符

68.“记事本”文件默认的扩展名是（　　）。

A．.RTF　　B．.WRI

C．.TXT　　D．.DOC

69．在搜索文件时，文件名通配符“？”号可代表（　　）。

A．任意 1 个字符　　B．任意 1 串字符

C．不能代表任何字符　　D．任意 2 个字符

70．在搜索文件或文件夹时，如果在搜索框中输入文件名“A?.*”，则可能搜索出（　　）。

A．ABC.TXT　　B．AB.F

C．A123.F　　D．BCA.COM

71．在搜索文件或文件夹时，如果在搜索框中输入文件名“*.*”，则将搜索（　　）。

A．所有含有“*”的文件夹　　B．所有扩展名含有“*”的文件

C．所有文件及文件夹　　D．只是“*.*”这个文件而已

72．关于 Windows 磁盘目录的描述，正确的是（　　）。

A．使用树型目录结构对文件进行分层管理

B．有根目录，没有子目录

C．仅有根目录，不对文件进行层管理

D．使用网状目录结构对文件进行分层管理

73.“路径”描述的是（　　）。

A．文件的类型　　B．程序的执行结果

C．文件的存储容量　　D．文件在磁盘的目录位置

74．如果某文件的路径为 C:\windows\ system32\ a1.txt，该路径为该文件的（　　）。

A．文件类型　　B．存储容量

C．相对路径　　D．绝对路径

75．一个完整的文件标识符包括（　　）。

A．盘符、路径　　B．路径、文件名

C．盘符、路径、文件名　　D．盘符、文件名

76．一个文件的路径为“C :\ windows \system32\back\a1. txt”，其中的 back 表示（　　）。

A．系统文件　　B．根文件夹

C．文件夹　　D．文本文件

77．在 Windows 中，下列不属于文件或文件夹属性的是（　　）。

A．文档　　B．隐藏

C．只读　　D．系统

78．具有（　　）属性的文件不能修改。

A．隐藏　　B．存档

C．系统　　D．只读

79．在 Windows 的四种文件属性中，通常不能由用户自行设置或修改的属性是（　　）。

A．隐藏　　B．存档

C．系统　　D．只读

80．若已经在“属性”对话框中修改了文件的属性，下列叙述不正确的是（　　）。

A．单击对话框中的“确定”按钮，可以关闭对话框并使修改生效

B．单击对话框中的“☒”按钮，可以关闭对话框并使修改生效

C．单击对话框中的“应用”按钮，可以不关闭对话框并使修改生效

D．单击对话框中的“取消”按钮，可以关闭对话框并使修改无效

81．在“资源管理器”窗口中，欲查看某文件夹所占的磁盘空间大小，应（　　）。

A．打开该文件夹的“属性”对话框

B．选择“查看”选项卡中的“详细资料”

C．打开“控制面板”窗口，双击其中的“程序和功能”图标

D．列出该文件夹中所有的文件，再将各文件的字节数相加

82．“资源管理器”的窗口被分成两部分，其中左部显示的内容是（　　）。

A．磁盘的文件夹和文件内容

B．磁盘的树形目录结构

C．当前打开的文件夹名称及其内容

D．当前打开的文件夹名称

83．“资源管理器”的窗口被分成两部分，其中右部显示的内容是（　　）。

A．桌面上所有的文件夹和文件

B．磁盘的树形目录结构

C．当前打开（在左窗口选择）的磁盘或文件夹中的内容

D．当前打开的磁盘或文件夹名称

84．在“资源管理器”窗口的右部，选取文件（夹）的操作方法叙述错误的是（　　）。

A．用鼠标左键依次单击文件（夹），只能选取最后单击的那个文件（夹）

B．单击第一个文件（夹），再按住 Shift 键单击最后一个文件（夹），可以选取连续的文件（夹）

C．按住 Ctrl 键，然后依次单击要选定的文件（夹），可以选取多个不连续的文件（夹）

D．在选中的文件（夹）阴影区域外单击右键，选择相应的命令可复制这些被选中的对象

85．在“资源管理器”窗口中，在右窗格中单击鼠标右建，弹出的 “新建”菜单中不能实现（　　）。

A．创建新的用户　　B．创建新的文件

C．创建新的快捷方式　　D．创建新的文件夹

86．下面关于“回收站”和“剪贴板”的对比，叙述错误的是（　　）。

A. “回收站”和“剪贴板”都用于暂存信息，“回收站”可将信息长期保存，“剪贴板”则不能

B. “剪贴板”所占的空间由系统控制，而“回收站”所占的空间可由用户设定

C. “回收站”是硬盘中的一块区域，而“剪贴板”是内存中的一块区域

D. “回收站”和“剪贴板”均可用于文件内部或文件之间的信息交换

87. 在“回收站”窗口中，若执行“清空回收站”操作，则（　　）。

A. “回收站”被清空，其中的文件或文件夹被恢复到删除时的位置，硬盘可用空间不变

B. “回收站”被清空，其中的文件或文件夹从硬盘清除，硬盘可用空间扩大

C. “回收站”中的文件或文件夹仍保留，同时被恢复到删除时的位置，硬盘可用空间缩小

D. “回收站”被清空，其中的文件或文件夹被恢复到用户指定的位置，硬盘可用空间不变

88. 为了删除 Windows 桌面上某个选定的图标，不正确的操作是（　　）。

A. 右击该图标，然后在弹出的快捷菜单中选择“删除”命令

B. 单击该图标，然后在弹出的快捷菜单中选择“删除”命令

C. 单击该图标，按下 Del 键

D. 单击该图标，按下 Shift+Del 键

89. 用鼠标将文件图标拖放到“回收站”图标上，（　　）。

A. 该文件被永久删除

B. 该文件被放到“回收站”，关闭系统时文件被彻底删除

C. 该文件被放到“回收站”，但可以恢复

D. 复制该文件到“回收站

90. 在“资源管理器”窗口中，选定文件或文件夹，下列操作中，不能将它们放到“回收站”中的是（　　）。

A. 按 Del 键

B. 用鼠标左键直接将它们拖放到桌面上的“回收站”图标中

C. 按 Shift+Del 键

D. 执行“主页”选项卡中的“删除”命令

91. Windows 的“回收站”可以存放的有（　　）。

A. 硬盘上被删除的文件或文件夹

B. U 盘上被删除的文件或文件夹

C. 移动存储器上被删除的文件或文件夹

D. 所有外存储器中被删除的文件或文件夹

92. 在“资源管理器”窗口中，选定文件夹后，不能删除文件夹的操作是（　　）。

A. 按键盘上的 Del 键

B. 右击该文件夹，打开快捷菜单，然后选择“删除”命令

C．在“主页”选项卡中选择“删除”命令

D．双击该文件夹

93．默认情况下，选定硬盘中的文件夹后按 Del 键，所选定的文件夹将（　　）。

A．不被删除也不放入“回收站”

B．被删除并放入“回收站”

C．不被删除但放入“回收站”

D．被删除但不放入“回收站”

94．在“资源管理器”窗口中，选定文件夹后按 Shift+Del 键，所选文件夹将（　　）。

A．不被删除也不放入“回收站”

B．被删除并放入“回收站”

C．不被删除但放入“回收站”

D．被删除但不放入“回收站”

95．以下对“粘贴”操作的描述中，正确的是（　　）。

A．“粘贴”是把“剪贴板”中的内容移动到指定的位置

B．“粘贴”是把“剪贴板”中的内容复制到指定的位置

C．经过“剪切”操作再“粘贴”实现内容的复制

D．经过“复制”操作再“粘贴”实现内容的移动

96．以下关于“剪切”操作正确的描述是（　　）。

A．可以对选定的同一信息进行多次“剪切”操作

B．剪切操作的结果不能被撤销

C．“剪切”操作的结果是将选定的信息移动到“剪贴板”中

D．“剪切”操作的结果是将选定的信息复制到“剪贴板”中

97．若只记得某个文件的名称，却忘记了它的存储位置，要打开它，最简便的方法是（　　）。

A．使用“资源管理器”窗口中的“搜索框”进行查找

B．打开一个应用程序窗口，使用窗口“文件”菜单中的“打开”命令

C．使用“开始”菜单中的“帮助和支持”命令

D．在“资源管理器”窗口中浏览

98．在 Windows 中，对“剪贴板”的描述中，错误的是（　　）。

A．只有经过“剪切”或“复制”操作后，才能将选定的内容存入“剪贴板”

B．“剪贴板”作为文件内部或文件之间进行信息交换的中转站

C．“剪贴板”的大小是动态改变的

D．一旦断电，“剪贴板”中的内容将不复存在

99．若要把当前窗口的全部信息复制到剪贴板中，则可按快捷键（　　）。

A．Ctr1+Print Screen　　B．Print Screen

C．A1t+Print Screen　　D．Shift +Print Screen

100．设在 D 盘的 MYDIR 文件夹中有一个名为 W2.txt 的文档，不能打开该文档

的操作是（　　）。

A．选择“开始”菜单中的“控制面板”选项

B．在“资源管理器”中找到该文档，然后双击它

C．在“资源管理器”的搜索框中输入 W2.txt，在搜索结果中找到该文档，然后双击它

D．打开记事本程序，用“文件”菜单的“打开”命令，在“打开”对话框中找到它并打开

101．在某个文件的快捷菜单中选择“发送到”→“可移动磁盘”，结果是（　　）。

A．移动文件到可移动磁盘

B．复制文件到可移动磁盘

C．将文件压缩后复制到可移动磁盘

D．在可移动磁盘中建立文件的快捷方式

102．在“资源管理器”窗口中，利用“主页”选项卡中的“全部选择”可以一次选择所有的文件，如果要取消其中的几个文件，应进行的操作是（　　）。

A．用鼠标左键依次单击各个要剔除的文件

B．按住 Ctrl 键，并用鼠标左键依次单击各个要剔除的文件

C．按住 Shift 键，并用鼠标左键依次单击各个要剔除的文件

D．用鼠标右键依次单击各个要剔除的文件

103.“资源管理器”中用鼠标拖动文件或文件夹实现的功能，不正确的说法是（　　）。

A．用鼠标直接拖动文件或文件夹，同一盘符内实现移动功能，不同盘符间实现复制功能

B．按住 Ctrl 键，用鼠标将文件或文件夹拖放到同一盘符下的另一位置，将实现复制功能

C．按住 Shift 键，用鼠标拖放文件或文件夹到不同盘符下的另一位置，将实现移动功能

D．若用鼠标直接拖动文件或文件夹到目标位置，可以实现复制功能

104．在“资源管理器”窗口中，若已选定某文件，（　　）不能将该文件复制到同一文件夹下。

A．用鼠标右键将该文件拖放到同一文件夹下，然后从弹出的快捷菜单中选择“复制到当前位置”

B．先执行“主页”选项卡中的“复制”命令，再执行“粘贴”命令

C．按住 Ctrl 键不放，用鼠标左键将该文件拖放到同一文件夹下

D．用鼠标左键将该文件拖放到同一文件夹下

105. 若要把剪贴板上的信息粘贴到某个文档窗口的插入点处，则可按快捷键（　　）。

A．Ctrl+C　　　　B．Ctrl+X

C．Ctrl+Z　　　　D．Ctrl+V

106. 若在记事本打开一个文本文件，并进行过多次“剪切”操作，当关闭该文档后，

“剪贴板”中存放的是（　　）。

A．最后一次剪切的内容　　B．所有剪切过的内容

C．空白　　D．第一次剪切的内容

107．在 Windows 的“资源管理器”窗口中，要改变文件或文件夹的显示方式，可进行的操作是（　　）。

A．在“文件”菜单中选择

B．在“主页”选项卡中选择

C．在“查看”选项卡中选择

D．在“共享”选项卡中选择

108．在“资源管理器”窗口中，若要查看图形文件内容，应在“查看”选项卡中选择（　　）命令。

A．平铺　　B．详细信息

C．列表　　D．大图标

109．关于压缩文件，以下说法不正确的是（　　）。

A．对一个或多个对象进行压缩，是为了进一步减少文件的体积，便于远程传输

B．压缩文件包形成后，可以往里添加其他文件

C．压缩文件包形成后，不可以往里添加其他文件

D．压缩文件包形成后，可以单独解压其中的某个文件

110．快速格式化磁盘是直接删除磁盘中的文件目录，而（　　）磁盘。

A．扫描　　B．不扫描

C．有时扫描　　D．由用户自己决定是否扫描

111．所谓“磁盘碎片”，指的是（　　）。

A．磁盘上不能存放信息的存储空间

B．磁盘上损坏的存储空间

C．磁盘上文件之间的存储空间

D．磁盘上空闲的存储空间

112．为了重新安排磁盘中文件的位置，将文件的数据连续放置，可使用（　　）合并可用的硬盘空间，提高系统的性能。

A．格式化命令　　B．磁盘清理程序

C．磁盘碎片整理程序　　D．磁盘扫描程序

113．为了安全地删除临时文件、Internet 缓存文件和不需要的文件，可使用（　　），释放硬盘空间，提高系统的性能。

A．格式化命令　　B．磁盘清理程序

C．磁盘碎片整理程序　　D．磁盘扫描程序

114．在 Windows 系统中，默认与.TXT 文件关联的程序是（　　）。

A．记事本　　B．画图

C．Word　　D．写字板

115．在 Windows 中，“画图”程序的功能包括（　　）。

A．播放视频　　B．图像处理

C．文字处理　　D．动画制作

116．在 Windows 的“资源管理器”中，选定某文件后，不能进行重命名的操作是（　　）。

A．用“主页”选项卡中的“重命名”命令

B．按“F2”键

C．鼠标右键单击该文件，在弹出的快捷菜单中选择“重命名”命令

D．双击该文件

117．在 Windows 的资源管理器中，不可以对显示的文件按（　　）的顺序进行排序。

A．名称　　B．大小

C．属性　　D．修改时间

习题 4

Word 文字处理

一、填空题

1．文字处理的过程大致可分为文字的_________、_________、_________三个方面。

2．文字处理的实质是_______________。

3．用户要在 Word 文档中寻找某个字符串，可选择____________功能。

4．在文字录入的过程中，若需要转换英文的大小写，可先按下____________键。

5．Word 2016 中便于图文混排的是___________视图，此时可以显示页眉和页脚，也可以看到代表纸张边缘的图示，要想看到分栏排版的效果也必须在此视图下。

6．在 Word 2016 中，选择“文件”→“打开”命令的作用是将文档从________读入________并显示。

7．启动 Word 2016，将创建一个空白文档，此时标题栏显示的文件名为_________。

8．在 Word 2016 中，可以选择矩形区域的文字，如选中每行的前 5 个文字，方法是按住__________键在第 1 行第 1 个字处单击，并拖动鼠标到结束位置。

9．在 Word 2016 中，如果某段文本被错误删除了，可立即单击快速访问工具栏中的__________按钮恢复。

10．在 Word 2016 中，可以用___________来改变文字的显示大小。

二、单项选择题

1．下列关于文字处理软件 Word 文档窗口的说法中，正确的是（　　）。

A．只能打开一个文档窗口

B．可打开多个，但只能显示一个

C．可以打开多个，但只有一个是活动窗口

D．可以打开多个活动的文档窗口

2．用 Word 编辑文本时，要调节行间距，则应该选择功能区（　　）。

A．“页面布局”选项卡中的“分隔符”

B．“开始”选项卡中的“段落”

C．“视图”选项卡中的“显示比例”

D．“开始”选项卡中的“字体”

3．若要把多处同样的错误一次性改正，最好的方法是（　　）。

A．使用“替换”功能　　B．使用“撤销”按钮

C．使用“自动更正”功能　　D．使用“格式刷”

4．在 Word 表格编辑中，不能进行的操作是（　　）。

A．删除单元格　　B．旋转单元格

C．合并单元格　　D．插入单元格

5．在 Word 文档中不能直接插入的是（　　）。

A．图表　　B．艺术字

C．.swf 格式的文件　　D．.jpg 格式的文件

6．在输入混合有中英文的文本时，有多种方法在中英文状态间切换，但不包括（　　）。

A．单击各输入法的中英文切换按钮

B．单击任务栏的语言指示器选择

C．用 Ctrl+空格键

D．用 Shift+空格键

7．在各种中文输入法及英文输入法之间依序切换的快捷键是（　　）。

A．用 Alt+空格键　　B．用 Ctrl+Shift 键

C．用 Shift+空格键　　D．单击输入方式切换按钮

8．Word 2016 有多种文档视图可适应不同的编辑需要，其中，页与页之间只显示一条虚线分隔，用于快速输入，而且没有垂直标尺的视图是（　　）视图。

A．页面　　B．草稿

C．大纲　　D．Web 版式

9．有关 Word 的说法中，不正确的是（　　）。

A．Word 功能区中的命令按钮不可以增加或减少

B．使用 Word 可以建立、编排多种类型的文档

C．使用 Word 能快速、方便地制作表格

D．Word 具有中、英文拼写检查功能

10．在 Word 的（　　）视图下，可以同时显示水平标尺和垂直标尺。

A．大纲　　B．页面

C．草稿　　D．Web 版式

11．在 Word 2016 中，每按一次 Enter 键均对应输入一个段落标记，并强制换行，此段落标记（　　）。

A．位于每一段落的首部

B．位于每一段落的结尾处

C．位于段落的中间位置

D．位于段落的结尾处，但用户看不到

12．关于 Word 的状态栏，下列说法错误的是（　　）。

A．通过状态栏可以修改文字的字体字号

B．通过状态栏可以切换文档视图

C．文档的字数统计可在状态栏中显示出来

D．通过状态栏可以改变显示比例

13．用 Windows 中的记事本不能打开 Word 文档，是因为（　　）。

A．Word 文件中的西文有“全角”和“半角”之分

B．Word 文件比较长

C．Word 文件中含有汉字

D．Word 文件中含有特殊控制符

14．对新建的 Word 文档执行保存命令，用户输入新文件名“my”后，标题栏显示的是（　　）。

A．my.docx　　B．my 文档 1.docx

C．文档 1.docx　　D．空白

15．Word 的“文件”选项卡提供（　　）命令，可以把当前编辑的文档保存到另外的位置。

A．新建　　B．另存为

C．保存　　D．打开

16．在 Word 中，正在编辑的文档名显示在（　　）上。

A．功能区　　B．任务窗格

C．标题栏　　D．状态栏

17．关闭正在编辑的 Word 文档时，文档从屏幕消失，同时也从（　　）中清除。

A．磁盘　　B．CD-ROM

C．内存　　D．外存

18．使用“文件”选项卡的“另存为”命令保存文件时，不可以（　　）。

A．将文件保存为网页文件

B．将文件存放到另一驱动器中

C．修改原文件的文件名而形成新文件

D．保存为新文件后，自动删除原文件

19．关于文档的新建，下列说法错误的是（　　）。

A．Word 新建的文档在标题栏上不显示文件名

B．新建文档的快捷方式为 Ctrl+N

C．新建文档是指在内存中产生一个新文档并在屏幕上显示，进入编辑状态

D．Word 可以新建多个文档，每新建一个文档，就打开一个新的文档窗口

20. 打开 Word 文档，下列说法错误的是（　　）。

A. 把文档从外存读取到内存并显示在屏幕上

B. 在“文件”选项卡中可打开最近使用过的 Word 文档

C. 可以同时打开多个文档

D. Word 不能打开非 Word 文档格式的文件

21. 对已有文档进行编辑修改，执行（　　）命令后，既可保留修改前的文档，又可得到修改后的文档。

A. 保存　　B. 另存为

C. 打开　　D. 关闭

22. 快速选定 Word 文档的某个段落，可以将指针移到该段左边的选定栏，然后（　　）。

A. 双击左键　　B. 单击左键

C. 三击左键　　D. 双击右键

23. 在 Word 中要选择连续的大块文本，可以单击所选内容的开始处，然后按住（　　）键单击所选内容的结束处。

A. Ctrl　　B. Shift

C. Alt　　D. Enter

24. 在 Word 中编辑文本时，要将光标快速地移动到文本的行首或行尾，可以按（　　）键。

A. Page Up 或 Page Down

B. Ctrl+Home 或 Ctrl+End

C. Ctrl+Page Up 或 Ctrl+Page Down

D. Home 或 End

25. 在 Word 编辑状态下，若要删除光标右边的内容则按（　　）键。

A. Ctrl　　B. Backspace

C. Shift　　D. Delete

26. 在 Word 编辑过程中，（　　）操作可将第一段与第二段文字合并为一段。

A. 选中第一段，按 Enter 键

B. 选中第二段，按 Backspace 键

C. 删除第二段的段落标记

D. 删除第一段的段落标记

27. 在 Word 中，若要删除已选中的部分文本，可按（　　）。

A. Delete　　B. Backspace

C. Space　　D. 以上都对

28. Word 的替换功能可以完成一些有规律的操作，但不包括（　　）。

A. 把多处出现的“云算”全部改成“云计算”

B. 把多处出现的某个单词全部删除

C．对分布在文档多处的某个单词设置相同格式

D．把第 3 页的内容替换到第 5 页

29．在编辑 Word 文档时，发现有多处不同的错误，更正的最好方法是（　　）。

A．使用“撤销”按钮　　B．使用“替换”功能

C．使用“自动更正”功能　　D．使用“格式刷”

30．当选定的文本中含有多种字体时，“字体”功能区中的字体框中会呈现（　　）。

A．首字符的字体　　B．排在前面字体

C．空白　　D．末字符的字体

31．在 Word“字体”对话框中，不能设置（　　）。

A．字号　　B．对齐方式

C．字体颜色　　D．字符间距

32．在 Word 的编辑过程中，对字体进行设置后，按新设置的字体显示的文字是（　　）。

A．文档的全部文字

B．文档中被选择的文字或接着输入的文字

C．插入点所在行的文字

D．插入点所在段落的文字

33．在 Word 2016 中，要调节行间距，则应在（　　）中进行设置。

A．“字体”对话框　　B．“页面设置”对话框

C．“段落”对话框　　D．“边框和底纹”对话框

34．关于段落的格式化，下列说法错误的是（　　）。

A．可在“段落”对话框中设置段前及段后间距

B．可用水平标尺上的缩进标志设置段落缩进

C．对某段落进行格式化，可将插入点置于该段，右击鼠标后，在弹出的快捷菜单中选择“段落”选项

D．段落的对齐方式只有“右对齐”“左对齐”“居中”3 种方式

35．关于样式，下列说法错误的是（　　）。

A．由 Word 本身自带的样式是不能修改的

B．用户可以自己创建样式

C．样式是多个格式排版命令的组合

D．使用样式前应事先选定要应用样式的段落或字符

36．Word 有关文档分页的叙述中，不正确的是（　　）。

A．分页符标志着新一页的开始

B．分页符也能打印出来

C．可以由系统自动分页，也可以在任何位置人工分页

D．人工分页符可删除

37．关于页边距，下列说法错误的是（　　）。

A．可在“页面设置”对话框中对页边距进行设置

B．页边距是指文档中的文字和纸张边线之间的距离

C．可用标尺设置页边距

D．在所有的视图下都能见到页边距

38．在 Word 文档中，使用“格式刷”功能不能实现（　　）。

A．复制页面设置　　B．复制段落格式

C．复制文本格式　　D．复制项目符号

39．在 Word 中可为文档添加页码，关于页码，以下说法错误的是（　　）。

A．页码与页眉、页脚分别设定，彼此毫无关系

B．页码可放在页面底端和顶端

C．页边距中可插入页码

D．可更改页码的格式

40．在 Word 中插入图片后，该图片不可以被（　　）。

A．改变大小及裁剪　　B．修改图片中的内容

C．移动位置　　D．删除图片

41．在 Word 文档中处理多幅图片时，要将一个图片放置在其他图片之下，可右击该图片，在弹出的快捷菜单中单击（　　）。

A．置于顶层　　B．置于底层

C．组合　　D．设置图片格式

42．绘制出一张 Word 表格后，单元格内填写的信息（　　）。

A．只能是文字或符号

B．只能是文字和公式

C．只能是图像和公式

D．文字、符号、图像、计算公式均可

43．在 Word“页面设置”对话框中，不能设置（　　）。

A．纸张方向　　B．纸张大小

C．行距　　D．页边距

44．在 Word 文档中插入图片后，为了使文字环绕在图片的四周，可选择（　　）环绕方式。

A．嵌入型　　B．浮于文字上方

C．衬于文字下方　　D．四周型环绕

45．不能在 Word 文档中生成表格的操作是（　　）。

A．选择“插入”选项卡中“形状”按钮中的“直线”

B．选择某部分文本，执行“插入”选项卡中的“文本转换成表格”命令

C．选择“插入”选项卡中的“绘制表格”命令

D．选择“插入”选项卡中的“插入表格”命令

46．选定表格的一行，再按 Delete 键，结果是（　　）。

A．该行边框删除，保留文字内容

B．删除该行，表格减少一行

C．该行的右边拆分表格

D．将该行各单元格的内容清除

47．关于表格的编辑，下列说法错误的是（　　）。

A．可以调整表格中的行高与列宽

B．可以在表格中插入行、列、单元格

C．可以删除表格中的行、列、单元格

D．在表格中不能平均分布各列

48．在 Word 2016 中编辑好一篇文档后，发出打印命令但打印不出来，原因可能是（　　）。

A．没有添加打印机硬件　　　　B．打印机电源没打开

C．没有安装打印驱动程序　　　D．以上全都是

49．在 Word 中，要打印文本的第 5～10 页和第 18 页，应该在“打印”对话框的“页数”框内输入（　　）。

A．5－10，18　　　　B．5～10，18

C．5－10：18　　　　D．5～10：18

50．在 Word 中要设定打印纸张为 A4，应选择（　　）命令。

A．“插入”选项卡的“文档部件”

B．“插入”选项卡的“页眉”

C．“页面布局”选项卡的“纸张大小”

D．“视图”选项卡的“显示比例”

习题5 Excel电子表格

一、填空题

1．工作簿是 Excel 2016 中用来存储并处理数据的文件，一个工作簿就是一个 Excel 文件，其默认的扩展名为________。

2．新建一个 Excel 文件后，每一个文件（工作簿）要求至少包含 1 张________。

3．若对工作表 Sheet2 进行复制，则复制后的工作表副本自动取名为________。

4．在实际应用中，用户可能需要将满足条件的单元格以特定格式显示，例如，在成绩表中将成绩为 60 分以下的学生成绩用红色、加粗的字体显示。利用________功能可以很方便地进行这样的设置。

5．Excel 的公式以________开头，后面跟着由操作数和运算符组成的表达式。

6．在 Excel 的单元格引用中，$B$2 属于________引用形式。

7．______功能可以将符合条件的记录数据显示出来，将不符合条件的记录数据暂时隐藏。

8．Excel 对数据列表进行分类汇总以前，必须先对作为分类依据的字段进行的操作是_________。

9．对数据清单的多个字段进行分类汇总，可以用__________。

10．Excel 若只需打印工作表的一部分数据，应先选择数据，再设置__________。

二、单项选择题

1．在 Excel 中，“编辑栏”不包括（　　）。

A．状态栏　　B．名称框

C．函数插入区　　D．编辑框

2．Excel 2016 的工作簿一般是由（　　）组成的。

A．单元格　　B．文字

C．工作表　　D．单元格区域

3．在 Excel 中利用填充柄可以将数据复制到相邻的单元格中，若选择含有数值的左右相邻的两个单元格，拖动填充柄，则数据将以（　　）填充。

A．日期数值　　B．等比数列

C．左单元格数值　　D．等差数列

4．在 Excel 2016 中选中某一单元格后，单元格的（　　）将显示在名称框中。

A．工作表名称　　B．行号

C．列标　　D．地址

5．在一个单元格中若输入了“0 2/5”，按 Enter 键后应显示为（　　）。

A．2/5　　B．5 月 2 日

C．0 2/5　　D．0　2

6. 在 Excel 2016 中若想选定多个连续的单元格，方法是选定第 1 个单元格后（　　）。

A．按住 Shift 键单击最后一个单元格

B．按住 Shift 键逐个单击其他单元格

C．按住 Ctrl 键单击最后一个单元格

D．按住 Alt 键逐个单击其他单元格

7．某个单元格的数值为 5.678E+05，它与（　　）相等。

A．5.67805　　B．5.678

C．5678　　D．567800

8．要在单元格中输入数字字符，屏幕显示为 0012，下列输入正确的是（　　）。

A．"0012"　　B．=0012

C．0012　　D．'0012

9．如果在某单元格输入="电子表格"&"Excel"，结果为（　　）。

A．电子表格& Excel　　B．“电子表格”&“Excel”

C．电子表格 Excel　　D．以上都不是

10．在 Excel 2016 中的某个单元格内输入两行文字，输入第一行后，可选择（　　）。

A．按 Enter 键，再输入第二行文字

B．按 Shift 键，再输入第二行文字

C．按 Alt 键，再输入第二行文字

D．按 Alt+Enter 键，再输入第二行文字

11．关于跨列居中，下列不正确的是（　　）。

A．数据仅能向右扩展跨列居中

B．数据也能向左跨列居中

C．跨列居中只是把数据在所选区域居中，不合并成一个单元格

D．执行了跨列居中后的数据，显示在所选区域的中间，存储位置不变

12．在一个单元格中若输入了“3/6”，按 Enter 键后应显示为（　　）。

A．3/6　　B．3 月 6 日

C．0 3/6　　D．0　6

13. 在 Excel 2016 中，若 B1 的值为 0，执行公式=A1/B1 时，将产生错误提示（　　）。

A．#####!　　B．#VALUE!!

C．#name?　　D．#div/0

14．如果某单元格显示为若干个“#”号（如“########”），这是因为（　　）。

A．行高不够　　B．数据错误

C．列宽不够　　D．函数错误

15．如果将 Excel 2016 工作簿设置为只读，对工作簿的更改（　　）。

A．不能保存在同一个工作簿文件中，可以另存为新工作簿文件

B．仍能保存在同一个工作簿文件中

C．部分保存在同一个工作簿文件中

D．能保存在同一工作表中

16．在 Excel 2016 中，按内容长度快速调整每列单元格宽度，可通过（　　）进行。

A．拖动列号上的边框线

B．选择“开始”→“单元格”→“格式”→“自动调整列宽”命令

C．选择“开始”→“单元格”→“格式”→“列宽”命令

D．以上都可以

17．在 Excel 2016 中，对满足要求的某些数据，设置指定的格式，可以为数据区域设定（　　）。

A．样式　　B．条件格式

C．数据验证　　D．正确格式

18．在 Excel 2016 中，若希望确保工作表中输入数据的正确性，可以为输入数据设定（　　）。

A．样式　　B．条件格式

C．数据验证　　D．正确格式

19．以下关于“选择性粘贴”命令的使用，不正确的说法是（　　）。

A．用拖动操作可以实现“复制”“剪切”和“选择性粘贴”功能

B．执行“选择性粘贴”前，要先“复制”或“剪切”

C．“选择性粘贴”命令可以选择只粘贴“数值”，不保留原来的格式

D．使用“选择性粘贴”命令可以将一个工作表中的选定区域进行行、列数据位置的转置

20．Excel 只把选定区域左上角的数据放入合并后所得的单元格中，要把区域中的所有数据都包括到合并后的单元格中，必须将它们复制到区域内的（　　）单元格中。

A．左上角　　B．左下角

C．右上角　　D．右下角

21．在 Excel 2016 中，函数主要由（　　）组成。

A．函数名和地址　　B．参数和地址

C. 函数名和参数　　D. 函数名和运算符

22. 在 Excel 2016 工作表中，以下属于单元格混合引用的是（　　）。

A. E10　　B. $E$10

C. E$10　　D. 10E

23. 在 Excel 中，要在公式中引用某个单元格中的数据时，应在公式中输入该单元格的（　　）。

A. 格式　　B. 地址

C. 数据　　D. 行号

24. Excel 的 RANK 函数功能返回（　　）。

A. 所有参数之和

B. 所有参数中，数值型参数个数

C. 数字在数据列表中相对于其他数值的升序或降序排名

D. 表区域首列匹配搜索值，确定行号，返回这些行对应的列值

25. 要根据另一单元格的值判断条件，条件满足填写值 1，否则填写值 2，可以用函数（　　）。

A. IF()　　B. COUNTIF()

C. RANK()　　D. MIN()

26. 在 Excel 2016 中，下列几个算术运算符号的优先级由高到低的顺序为（　　）。

A. !、^、+、*　　B. !、*、+、^

C. ^、*、+、!　　D. !、^、*、+

27. 在 Excel 2016 中，在工作表中的 E7 单元格内输入公式“=B7+$C$5”，并按 Enter 键后，在第 3 行处插入一行，则插入后，E8 单元格中的公式为（　　）。

A. =B8+$C$6　　B. =B8+$C$5

C. =B7+$C$6　　D. =B7+$C$5

28. Excel 函数（　　）用于计算选定的单元格区域内数值的最大值。

A. SUM()　　B. COUNT()

C. AVERAGE()　　D. MAX()

29. 要在当前工作表（Sheet1）的 B5 单元格中引用另一个工作表（如 Sheet4）中 B2:B7 单元格的和，则在当前工作表的 B5 单元格中输入的表达式应为（　　）。

A. =SUM(Sheet4!B2:B7)　　B. =SUM(Sheet4!B2:Sheet4!B7)

C. =SUM((Sheet4)B2:B7)　　D. =SUM((Sheet4)B2: (Sheet4)B7)

30. 复制 Excel 公式时，公式中的（　　）不会发生变化。

A. 混合引用单元格地址　　B. 相对引用单元格地址

C. 绝对引用单元格地址　　D. 所引用的单元格地址

31. Excel 2016 的运算符有算术运算符、比较运算符、文本运算符，其中符号“<=”属于（　　）。

A. 算术运算符　　B. 比较运算符

C．文本运算符　　D．逻辑运算符

32．如果将 B3 单元格中的公式“=C3+$D5”复制到同一个工作表的 D7 单元格中，该单元格公式为（　　）。

A．=C3+$D5　　B．=D7+$E9

C．=E7+$D9　　D．=E7+$D5

33．在 Excel 2016 中选中单元格后，按 Delete 键将（　　）。

A．删除选中的单元格

B．清除选中单元格中的格式

C．清除选中单元格中的内容

D．删除选中单元格中的内容和格式

34．设 B2 单元格中为文本型“500”，B3 与 B4 单元格中分别为数值“300”和“600”，则=COUNT(B2:B4)的值为（　　）。

A．1000　　B．700

C．3　　D．2

35．若某单元格中的公式为“=IF（"助教">"讲师"，TRUE，FALSE）”，其计算结果为（　　）。

A．FALSE　　B．TRUE

C．讲师　　D．助教

36．在 Excel 中，函数可以作为其他函数的（　　）。

A．变量　　B．参数

C．公式　　D．常量

37．在 Excel 工作簿中既有工作表又有图表，当选择“文件”→“保存”命令时，则（　　）。

A．文件只保存工作表　　B．分成两个文件来保存

C．文件只保存图表　　D．文件同时保存工作表和图表

38．要显示数据系列中每一项和各项总和的比例关系，应选择的图表类型和要修改的图表元素为（　　）。

A．饼图，数据标签　　B．柱形图，数据标签

C．条形图，图例　　D．饼图，图例

39．对建立的图表进行修改时，下列叙述中正确的是（　　）。

A．先修改工作表的数据，再对图表做相应的修改

B．只要修改或删除工作表中的数据，图表中对应的对象就会自动更改或删除

C．先修改图表中的数据点，再对工作表中相关数据进行修改

D．当在图表中删除了某个对象，则工作表中对应的数据也被删除

40．关于 Excel 2016 的图表，下列说法中不正确的是（　　）。

A．迷你图可以将图表插入某个单元格中

B．图表也可以插入到一张新的工作表中

C．不能在工作表中嵌入图表

D．插入的图表可以在工作表中移动位置

41．在 Excel 中，当工作表中的（　　）发生变化时，图表中对应项的数据也能自动更新。

A．格式　　　　B．数据源

C．图例　　　　D．图标格式

42．在 Excel 2016 中，有关数据清单的说法中正确的是（　　）。

A．每一列叫作一个记录　　　　B．数据清单中不能有空单元格

C．数据清单中不能含有空行　　　　D．数据清单就是工作表

43．在 Excel 中，数据清单中的每一行称为（　　）。

A．一个记录　　　　B．列数据

C．一个字段　　　　D．一栏

44．在 Excel 中，使用功能区“开始”→“编辑”→“排序和筛选”→“自定义排序”命令，在“排序”对话框中提供的添加关键字操作时，其中（　　）。

A．可以 1 个关键字都不指定　　　　B．至少要指定 3 个关键字

C．“主要关键字”必须指定　　　　D．主、次要关键字都必须指定

45．在 Excel 中，对排序的叙述正确的是（　　）。

A．只能对数据按列排序，不能对数据按行排序

B．如果只有一个排序关键字，不可以直接单击工具栏中的AZ↓或ZA↓按钮

C．当单击AZ↓或ZA↓按钮排序时，只改变排序列的次序，其他列的数据不同步改变

D．当要对多个关键字排序时，只能选择“数据”→“排序”命令

46．关于筛选的叙述，下列说法错误的是（　　）。

A．筛选过程中不符合条件的记录被删除

B．Excel 提供了“自动筛选”和“高级筛选”两种方式筛选数据

C．选择“数据”→“筛选”→“自动筛选”命令，每列表头的右边将出现一个黑色的下三角按钮

D．筛选过程中不符合条件的记录被暂时隐藏

47．假设数据清单中包含“性别”和“学院”两列，选择自动筛选功能后，设置“性别”列为“男”，“学院”列为“管理”，两个条件之间是（　　）关系，数据清单显示的值是（　　）。

A．“逻辑与”，管理学院记录

B．“逻辑与”，管理学院男生记录

C．“逻辑或”，管理学院和所有男生

D．“逻辑或”，管理学院男生记录

48．为了使分类汇总后的数据恢复原状，可以（　　）。

A．选择“编辑”→“删除”命令

B．按 Delete 键

C．在分类汇总对话框中单击“全部删除”按钮

D．以上都不可以

49．在 Excel 2016 中，按某一字段内容进行归类，并对每一类做出统计的操作是（　　）。

A．排序　　B．记录单处理

C．筛选　　D．分类汇总

50．在 Excel 2016 中，对数据清单的多个字段进行分类，按类统计数据，可以用（　　），如统计各学院男女同学的平均成绩。

A．排序　　B．数据透视表

C．筛选　　D．分类汇总

习题 6

多媒体技术

一、填空题

1．________是指人们用于传播和表示各种信息的载体。

2．多媒体可以理解为文字、图形/图像、声音、动画和视频等“________________”。

3．_________是指用户与计算机之间进行数据交换、媒体交换和控制权交换的一种特性。

4．声音的数字化需要经过_________、________和________等过程。

5．高于 20kHz 的声音叫作__________。

6．压缩算法包括__________和__________两种。

7．________是用数学方法描述的一系列点、线、弧和其他几何形状，它存储的数据主要是绘图的数学描述。

8．_________是指存储每个像素点所用的位数。

9．一般来说，__________越高，数码照相机的成像效果越好。

10．___________是幻灯片层次结构中的顶层幻灯片。

二、单项选择题

1．对波形声音采样频率越高，则数据量（　　）。

A．越小　　B．恒定

C．越大　　D．不能确定

2．以下不属于多媒体技术的特性是（　　）。

A．交互性　　B．多样性

C．实时性　　D．兼容性

3．多媒体课件能够根据用户答题情况给予正确或错误的反馈，突出了多媒体技术的（　　）。

A．交互性　　B．多样性

C．实时性　　D．集成性

4．下列选项中不是图形/图像文件的是（　　）。

A．BMP　　B．MP4

C．PNG　　D．JPG

5．关于图像文件的格式，不正确的叙述是（　　）。

A．PSD 格式是 Photoshop 软件的专用文件格式，文件占用存储空间较大

B．JPEG 格式是高压缩比的有损压缩格式，使用广泛

C．GIF 格式是高压缩比的无损压缩格式，适合于保存真彩色图像

D．BMP 格式是微软公司的画图软件使用的格式

6．下列选项中不属于多媒体关键技术的是（　　）。

A．多媒体数据存储技术

B．多媒体数据压缩/解压技术

C．多媒体数据通信技术

D．多媒体信息采集技术

7．不属于多媒体通信技术的是（　　）。

A．各种媒体的数字化　　B．数据的压缩

C．数据的存储　　D．数据高速传输

8．目前被广泛应用于互联网和日常生活中的声音格式为（　　）。

A．WAV　　B．MP3

C．MIDI　　D．WMA

9．MP3 是运动图像专家组 MPEG 提出的压缩编码标准（　　）的一个层次。

A．MPEG-1　　B．MPEG-2

C．MPEG-3　　D．MPEG-4

10．以下说法中，正确的是（　　）。

A．像素是构成位图图像的最小单位

B．图像的分辨率越高，图像的质量越低

C．位图进行缩放时不容易失真，而矢量图缩放时容易失真

D．GIF 格式图像最多只能处理 128 种色彩

11．对于同样尺寸大小的图像而言，下面叙述中不正确的是（　　）。

A．图像分辨率越高，则每英寸的像素数目（dpi）越大

B．图像分辨率越高，色彩越丰富

C．图像分辨率越高，像素数目越多

D．图像分辨率越高，占用的存储空间越大

12．在数字电视、多媒体互联网、实时多媒体监控、移动多媒体通信等领域采用的视频压缩标准为（　　）。

A．MPEG-4　　B．MPEG-1

C．MPEG-2　　D．MPEG-7

13．不属于多媒体系统软件的是（　　）。

A．多媒体创作工具软件　　B．多媒体操作系统

C．多媒体驱动软件　　D．多媒体教学软件

14．下列选项中不属于多媒体素材的是（　　）。

A．文本、动画　　B．声音、视频

C．光盘　　D．图形、图形

15．用于压缩静止图像的是（　　）。

A．MPEG　　B．JPEG

C．H.261　　D．以上选项均不是

16．多媒体技术中的媒体一般是指（　　）。

A．软件媒体　　B．硬件媒体

C．信息媒体　　D．存储媒体

17．提高网络流媒体文件播放流畅度的最有效措施是（　　）。

A．更换播放器　　B．转换文件格式

C．加大网络带宽　　D．更换计算机

18．多媒体计算机系统是由（　　）构成。

A．计算机和多媒体输入/输出设备

B．计算机和多媒体操作系统

C．计算机和各种媒体

D．多媒体硬件系统和多媒体软件系统

19．图像数据压缩的目的是（　　）。

A．减少数据存储量，便于传输和存储

B．符合各国的电视制式

C．符合 ISO 标准

D．方便图像的编辑

20．（　　）直接影响声音数字化的质量。

A．采样频率　　B．采样精度

C．声道数　　D．以上都是

21．若要全屏演示幻灯片，可切换到（　　）。

A．普通视图　　B．阅读视图

C．大纲视图　　D．幻灯片放映视图

22．在演示文稿中，每一页幻灯片相同的位置都出现同一对象，最快的操作方法是在（　　）中进行。

A．母板　　B．幻灯片

C．编辑区　　D．屏幕

23．想要终止正在播放中的幻灯片，可以按（　　）键。

A．Enter　　B．Esc

C．Delete　　D．Shift

24．常规保存演示文稿的方法有（　　）。

A．单击工具栏的保存按钮

B．在文件菜单中选择保存

C．按 Ctrl+S 快捷键

D．以上都是

25．对幻灯片的操作主要有（　　）。

A．复制、移动、删除

B．选择、插入、删除

C．插入、删除、移动

D．选择、插入、复制、移动和删除

26．在幻灯片中使用母版的目的是（　　）。

A．保持风格一致

B．更改现有模板

C．标题母版用来控制标题幻灯片的格式和位置

D．以上都是

27．幻灯片母版分为（　　）。

A．幻灯片母版、讲义母版

B．幻灯片母版、讲义母版、备注母版

C．幻灯片母版、备注母版

D．讲义母版、备注母版

28．在 PowerPoint 2016 中，有关幻灯片母版的说法中错误的是（　　）。

A．可以设置占位符的格式

B．可以更改占位符的大小和位置

C．可以更改文本格式

D．只有标题区、对象区、日期区、页脚区

29．关于自定义幻灯片放映，下列说法中错误的是（　　）。

A．组成一个比原先大的演示文稿

B．组成一个比原先小的演示文稿

C．从演示文稿中进行挑选

D．可以有一个新的放映名称

30．对比 Word 和 Excel，PowerPoint 独有的选项卡是（　　）。

A．插入、引用、动画

B．开始、页面布局、审阅

C．切换、动画、幻灯片放映

D．公式、视图、邮件

31．在打开的演示文稿中，设置母版是在（　　）选项卡中进行。

A．插入　　B．视图
C．切换　　D．动画

32．超链接在（　　）中才能被激活。

A．普通视图　　B．幻灯片放映视图
C．幻灯片浏览视图　　D．阅读视图

33．可以利用（　　）为演示文稿快捷地设置整体布局、背景图案、字体字号等。

A．幻灯片版式　　B．配色方案
C．主题　　D．背景

34．在 PowerPoint 2016 中，有关幻灯片主题的说法中正确的是（　　）。

A．每个演示文稿一定要有主题
B．一个演示文稿只能有一个主题
C．更改幻灯片的主题是在“切换”选项卡中进行
D．使用主题可以简化演示文稿的创建过程

35．应用（　　）为幻灯片所有的对象分别设置动态演示效果。

A．自定义动画　　B．设计
C．自定义放映　　D．幻灯片切换

36．幻灯片版式中的虚线框是（　　）。

A．图文框　　B．占位符
C．显示符　　D．特殊字符

37．幻灯片使用了系统提供的某种版式后，对其中各个对象的占位符（　　）。

A．只能用具体内容去替换，不可删除
B．不能移动位置，也不能改变格式
C．可以删除，但不能在幻灯片中再插入新的对象
D．可以删除，也可在幻灯片中再插入新的对象

38．在 PowerPoint 2016 中，（　　）可在幻灯片浏览视图中进行。

A．幻灯片文本的编辑修改
B．设置幻灯片的动画效果
C．交换幻灯片的次序
D．读入 Word 文稿的内容

39．通常情况下，（　　）模式会比较方便完成幻灯片的移动操作命令。

A．幻灯片浏览视图　　B．阅读视图
C．普通视图　　D．幻灯片放映视图

40．只有在（　　）中才能修改在幻灯片母版中插入的对象。

A．普通视图　　B．幻灯片母版
C．讲义母版　　D．浏览视图

41．已设置了幻灯片的动画，但没有显示动画效果，是因为（　　）。

A．没有切换到普通视图

B．没有切换到幻灯片放映视图

C．没有切换到幻灯片浏览视图

D．没有设置动画

42．演示文稿中“超级链接”命令的作用是（　　）。

A．内容跳转　　B．插入幻灯片

C．复制幻灯片　　D．删除幻灯片

43．在演示文稿中，超链接中需要链接的目标不可以是（　　）。

A．另一个演示文稿

B．同一演示文稿的某一张幻灯片

C．幻灯片中的某个对象

D．其他应用程序

44．在 PowerPoint 2016 中，（　　）以文件形式存储在磁盘上。

A．工作簿　　B．播放文档

C．幻灯片　　D．演示文稿

45．在 PowerPoint 2016 中，要在选定的幻灯片版式中输入文字，方法是（　　）。

A．直接输入文字

B．首先单击占位符，然后才可输入文字

C．首先删除占位符，然后才可输入文字

D．首先删除占位符中的系统显示的文字，然后才可输入文字

46．在 PowerPoint 2016 的幻灯片浏览视图下，不能完成的操作是（　　）。

A．调整个别幻灯片位置

B．复制个别幻灯片

C．删除个别幻灯片

D．编辑个别幻灯片内容

47．在 PowerPoint 2016 中，组合键 Shift+F5 的功能是（　　）。

A．打开文件　　B．结束放映

C．从头开始放映　　D．从当前幻灯片开始放映

48．幻灯片的切换方式是指（　　）。

A．在编辑新幻灯片时的过渡形式

B．在编辑幻灯片时切换不同的视图

C．在幻灯片放映时两张幻灯片间的过渡形式

D．在编辑幻灯片时切换不同的设计主题

49．关于 SmartArt 图形，下列说法正确的是（　　）。

A．可将 SmartArt 图形中的个别形状制成动画

B．不能将幻灯片文本转换为 SmartArt 图形

C．不能在 SmartArt 图形中添加文字

D．SmartArt 图形不包含层次结构图

50．下列说法正确的是（　　）。

A．PowerPoint 2016 不能保存成 PowerPoint 2003 兼容的文件格式

B．PowerPoint 2016 不能打开 PowerPoint 2003 格式的文件

C．PowerPoint 2003 可以直接打开 PowerPoint 2016 格式的文件

D. PowerPoint 2003 安装 PowerPoint 2016 格式的兼容包后，可以打开 PowerPoint 2016 格式的文件

习题 7

计算机网络与信息安全

一、填空题

1．计算机网络的主要功能是__________。

2．从使用地区范围或规模来划分，计算机网络可分成__________、__________和__________。

3．按使用地区范围或规模来划分，Internet 属于__________网。

4．计算机网络的构成可分为__________、网络软件两部分。

5．在网络通信的有线信道传输介质中，具有传输距离长、传输速率高、不会受到电子设备监听的是__________。

6．计算机要连入局域网则必须安装__________。

7．我们平时说的星形、环形、树形、网状是指网络的__________。

8．电子邮件地址的格式为 username@hostname，其中 hostname 为__________。

9．HTTP 的中文含义是__________。

10．E-mail 地址（例如，ycb@mail. jhptt .zj. cn）中@的含义是__________。

11．在 Foxmail 的服务器设置中，SMTP 服务器是指__________。

12．Internet 采用的通信协议是__________。

13．Internet 的前身是由美国国防部资助建成的__________网。

14．从域名 www. fosu. edu. cn 可以看出，它是____________（国家或地区）的一个__________部门的站点。

15．URL 的含义是__________。

16．IPv6 规定一个 IP 地址由__________位二进制数组成。

17．从危害性来划分，计算机病毒分__________和__________。

18．我国有关软件版权保护的法规《中华人民共和国著作权法》于________年通过。

19．计算机病毒是一种__________。

20．就世界范围来说，病毒传染最快的途径是通过__________来传播的。

二、单项选择题

1．计算机网络的主要功能是（　　）。

A．提高系统的可靠性　　B．资源共享

C．网络计算　　D．信息交换

2．下列不属于计算机网络功能的是（　　）。

A．资源共享　　B．信息交换

C．文字处理　　D．分布式处理

3．按照网络的地理范围分类，计算机网络可分为局域网、城域网和（　　）。

A．广域网　　B．中型网

C．小型网　　D．大型网

4．网络服务器是指（　　）。

A．具有通信功能的计算机

B．带有大容量硬盘的计算机

C．担负一定数据处理任务和向网络用户提供资源的计算机

D．32 位总线结构的计算机

5．计算机网络是指用（　　）将不同位置的若干计算机系统互相连接起来，因此计算机网络是计算机与通信技术结合的产物。

A．闭路信号线　　B．通信设备和线路

C．Internet　　D．数模/模数转换器

6．下列不属于局域网互联设备的是（　　）。

A．路由器　　B．网桥

C．交换机　　D．TCP/IP

7．局域网的拓扑结构主要有星形、（　　）、总线型和网状结构 4 种。

A．T 形　　B．环形

C．链形　　D．关系型

8．广域网、城域网和局域网是按照（　　）来分类的。

A．网络使用者　　B．信息交换方式

C．网络连接距离　　D．传输控制规程

9．局域网由（　　）统一指挥，提供文件、打印、通信和数据库等服务功能。

A．网卡　　B．网络操作系统

C．磁盘操作系统 DOS　　D．TCP/IP

10．（　　）用于连接类型或结构相似的多个局域网，除了具有数据交换功能外，还增强了路由选择功能，是目前较热门的网络设备，取代了集线器和网桥。

A．路由器　　B．交换机

C．网线　　D．服务器

11．（　　）是在网络层提供多个独立的子网间连接服务的一个存储/转发设备，工作在 OSI 的网络层，最主要的任务是路径选择。在实际应用时，它通常作为局域网与广域网连接的设备。

A．中继器　　B．集线器

C．路由器　　D．网桥

12．（　　）又称协议转换器，是软件和硬件结合的产品，用于不同协议网络之间的互连，工作在 OSI 的高层（传输层以上），在互联网络中起到高层协议转换的作用，它是较复杂的网络互连设备。

A．中继器　　B．集线器

C．路由器　　D．网关

13．FTP 匿名用户的英文写法是（　　）。

A．Guest　　B．Scott

C．Public　　D．Anonymous

14．下列有关电子邮件的说法中，错误的是（　　）。

A．电子邮件是 Internet 提供的一项基本的服务

B．电子邮件可以传递文字、图片等信息，但不可以传递声音、视频等多媒体信息

C．通过电子邮件，可向世界上任何一个网上用户发送信息

D．电子邮件具有快速、高效、方便、价廉等特点

15．（　　）是指在网络通信协议的支持下，用户的计算机通过 Internet 成为远程计算机终端的过程。

A．软件下载　　B．远程登录 Telnet

C．WWW 浏览　　D．新闻广播

16．计算机网络软件主要包括（　　）、网络协议、网络管理软件和网络应用软件等。

A．网络通信软件　　B．网关

C．网络操作系统　　D．网络浏览器

17．（　　）是接入 Internet 的计算机必须安装的通信协议。

A．IPX　　B．TCP/IP

C．NetBEUI　　D．UDP

18．当电子邮件在发送过程中有误时，则（　　）。

A．电子邮件将自动把有误的邮件删除

B．邮件将延迟发送

C．电子邮件会将原邮件退回，但不给出不能寄达的原因

D．电子邮件会将原邮件退回，并给出不能寄达的原因

19．在 Foxmail 设置中，代表收件服务器的是（　　）。

A．POP3　　B．TCP/IP

C．MIME　　D．X400

20．超文本与普通文档的最大区别是它有（　　）。

A．声音　　B．超链接

C．图像　　D．都不是

21．（　　）语言是用于创建可从一个平台移植到另一个平台的超文本文档，是一种超文本标记语言，经常用来创建 Web 页面。

A．C　　B．BASIC

C．Java　　D．HTML

22．拨号上网时必须使用的一种设备是（　　）。

A．网卡　　B．路由器

C．调制解调器　　D．交换机

23．通过局域网方式入网的用户计算机必须拥有的一种设备是（　　）。

A．交换机　　B．调制解调器

C．网卡　　D．网关

24．浏览器的收藏夹功能用于在浏览到一些较好的网站时，（　　）。

A．记忆感兴趣的内容　　B．收集感兴趣的文件名称

C．收藏文件内容　　D．收藏页面地址

25．计算机网络的拓扑结构中，（　　）是网络中计算机、打印机或连网设备（如中继器、路由器）等设备的抽象描述。

A．网关　　B．链路

C．结点　　D．路由器

26．计算机网络的构成可分为网络硬件、（　　）、网络拓扑结构和传输控制协议。

A．体系结构　　B．网络软件

C．通信设备　　D．传输介质

27．网卡实现的主要功能是（　　）。

A．网络层与表示层的功能　　B．物理层与网络层的功能

C．网络层与应用层的功能　　D．物理层与数据链路层的功能

28．收到一封邮件，再把它寄给其他人，一般可以用（　　）功能。

A．回复　　B．编辑

C．转寄　　D．发送

29．E-mail 的地址格式为 username@hostname，其中 hostname 称为（　　）。

A．邮件服务器名　　B．某网站名

C．某网络公司名　　D．用户名

30．在电子邮件中，“邮局”一般放在（　　）。

A．发送方的个人计算机中　　B．接收方的个人计算机中

C．网络服务提供商的主机中　　D．都不正确

31．下列关于 Internet Explorer 在支持 FTP 的功能方面的说法，正确的是（　　）。

A．全部可以匿名上传　　B．不支持任何下载

C．大都支持匿名下载　　D．以上均不对

32．在以下4种传输介质中，数据传输率最高的是（　　）。

A．双绞线　　B．同轴电缆

C．光纤　　D．电话线

33．目前在WWW中应用较广的协议是（　　）。

A．HTML　　B．HTTP

C．SMTP　　D．DNS

34．Internet的中文含义是（　　）。

A．国际网　　B．校园网

C．因特网　　D．邮电网

35．（　　）以超文本置标语言与超文本传输协议为基础，将位于Internet上不同网址的相关数据有机地组织在一起，并提供友好的用户查询界面。

A．WWW　　B．HTTP

C．HTML　　D．TCP/IP

36．FTP是指（　　）。

A．文件下载协议　　B．文件传输协议

C．浏览网站协议　　D．都不正确

37．TCP的主要功能是（　　）。

A．进行数据传输　　B．接收包

C．查错　　D．保证传输地址是正确的

38．IP的主要功能是（　　）。

A．进行数据传输　　B．接收包

C．查错　　D．保证传输地址是正确的

39．在TCP/IP网络中，接入网络的任何一台计算机，不管是大型机、小型机或微型机，都称为主机。每一台主机都被指定了唯一的编号，称为（　　）。

A．服务器　　B．网址

C．结点　　D．IP地址

40．IPv6规定IP地址由（　　）位二进制数组成。

A．32　　B．16

C．4　　D．128

41．IP地址一般由（　　）构成。

A．网络标识和主机标识　　B．网络标识和网关

C．子网掩码和主机标识　　D．DNS和网络标识

42．以下属于合法的IPV4地址的是（　　）。

A．192.168.298.30　　B．192.168.0.1

C．10.288.165.32　　D．210.36.65.366

43．域名www.pku.edu.cn表明它属于（　　）。

A．中国的教育界　　B．中国的工商界

C．工商界　　D．网络机构

44．域名 www.onlinedown.net 表明它属于（　　）。

A．教育界　　B．中国的工商界

C．工商界　　D．网络机构

45．域名 http://www.pconline.com.cn 表明它属于（　　）。

A．中国的教育界　　B．中国的工商界

C．工商界　　D．网络机构

46．若 E-mail 地址为 ycb@mail.jhptt.zj.cn，则表示该邮件服务器是在（　　）。

A．杭州　　B．宁波

C．温州　　D．浙江

47．以下硬件设备中属于用来连接计算机网络的专用器件是（　　）。

A．Hub　　B．解压卡

C．显卡　　D．音频卡

48．（　　）的主要功能是实现数字信号与模拟信号之间的转换。

A．网卡　　B．集线器

C．路由器　　D．调制解调器

49．（　　）的缩写是 BBS，它提供一块公共电子白板，每个用户可在上面书写、发布信息或提出看法。

A．万维网　　B．电子公告板

C．博客　　D．文件传输

50．下列是某单位主页的 Web 地址 URL，其中符合 URL 格式的是（　　）。

A．http//www.pku.edu.cn　　B．http://www.pku.edu.cn

C．http:www.pku.edu.cn　　D．http:/www.pku.edu.cn

51．因特网的地址系统表示方法有（　　）种。

A．1　　B．3　　C．2　　D．4

52．网络适配器是一块插件板，通常插在 PC 的扩展槽中，故又称（　　）。

A．网关　　B．调制解调器

C．网桥　　D．网络接口板或网卡

53．下列结构中不是计算机网络拓扑结构的是（　　）。

A．星形结构　　B．总线型结构

C．单线结构　　D．环形结构

54．传输速率的单位是 bit/s，其含义是（　　）。

A．bytes per second　　B．baud per second

C．bits per second　　D．billion per second

55．在传输数据时，以原封不动的形式把来自终端的信息送入线路称为（　　）。

A．调制　　B．解调

C．频带传输　　D．基带传输

56. 下列传输介质中，抗干扰能力最强的是（　　）。

A. 微波　　B. 同轴电缆

C. 光纤　　D. 双绞线

57. 下列不属于常用的传输介质的是（　　）。

A. 光纤　　B. 同轴电缆

C. 闭路电视线　　D. 双绞线

58. 一所学校的计算机网络属于（　　）。

A. WAN　　B. LAN

C. MAN　　D. GAN

59. 局域网是在局部地区内传送信息并实现资源共享的计算机网络，因此它不能（　　）。

A. 连接距离较远的两个城市之间的用户

B. 使用光纤作为传输媒介

C. 连接外围设备或不同型号的计算机

D. 与大型计算机连接

60. 互联网络上的服务都基于一种协议，WWW 服务基于（　　）。

A. SMIP　　B. SNMP

C. HTTP　　D. Telnet

61. 因特网上许多复杂网络和许多不同类型的计算机之间能够互相通信的基础是（　　）。

A. X.25　　B. ATM

C. Novell　　D. TCP/IP

62. DNS 的中文含义是（　　）。

A. 域名　　B. 域名服务器

C. 网关　　D. 子网掩码

63. 电子邮箱的地址由（　　）。

A. 用户名和邮件服务器名两部分组成，它们之间用符号“@”分隔

B. 邮件服务器名和用户名两部分组成，它们之间用符号“@”分隔

C. 邮件服务器名和用户名两部分组成，它们之间用符号“·”分隔

D. 用户名和邮件服务器名两部分组成，它们之间用符号“·”分隔

64. 局域网中每一台计算机的网卡上都有全球唯一的（　　）地址，用以标识局域网内不同的计算机。

A. IP　　B. DNS

C. SMTP　　D. MAC

65.（　　）网络具有通信距离短、数据传输速率高、误码率低、组网灵活和成本低的特点。

A. 局域　　B. 广域

C．城域　　D．对等

66．一个计算机机房创建的网络属于（　　）。

A．局域网　　B．城域网

C．广域网　　D．互联网

67．Internet 的前身是（　　）。

A．局域网　　B．对等网

C．ARPAnet（阿帕网）　　D．城域网

68．（　　）是一个全国性的教育科研基础设施，为中国教育部负责管理，主要面向我国的教育和科研单位、政府部门及非营利机构。

A．NCFC　　B．CERNET

C．CSTNET　　D．CHINAGBN

69．ISP 的含义是（　　）。

A．国际服务机构　　B．Internet 服务提供商

C．电子邮局　　D．域名服务机构

70．在无线网络中，广域网中使用较多的通信方式为（　　）。

A．电磁波　　B．微波

C．红外线　　D．紫外线

71．要通过电话拨号上网，需要安装（　　）和其他相关设备及软件。

A．网卡　　B．交换机

C．调制解调器　　D．集线器

72．在一个 Web 网站的许多 Web 页中，最重要的是（　　）。它是网站的首页，从它出发可以访问本网站的其他 Web 页，也可以访问其他网站。

A．主页　　B．导航页

C．网页　　D．WWW 页

73．（　　）是指从一个网页指向一个目标的连接关系，这个目标可以是网页、图片、视频、电子邮件地址、文件或者应用程序等。

A．文件传输　　B．URL

C．网址　　D．超链接

74．在 Internet 中的 Web 服务器上，每一个信息资源都有统一的、在网上唯一的地址，这个地址称为（　　）地址。

A．网关　　B．DNS

C．URL　　D．HTTP

75．发送邮件的服务器都遵循（　　），故发送邮件服务器也称为这种协议的服务器。

A．POP3　　B．SMTP

C．IMAP　　D．TCP/IP

76．以下属于合法的电子邮件地址的是（　　）。

A．abc#163.com　　B．abc163.com

C．abc@163.com　　D．@163.com

77．下列关于电子邮件的说法，不正确的是（　　）。

A．电子邮件是用户或用户组之间通过计算机网络收/发信息的服务

B．向对方发送电子邮件时，对方不一定要开机

C．发送电子邮件时，一次只能发给一个接收者

D．电子邮件由邮件头和邮件体两部分组成

78．以下不属于常用网络下载工具的是（　　）。

A．迅雷　　B．网际快车

C．QQ 旋风　　D．CuteFTP

79．计算机 2000 年问题对计算机的影响主要是（　　）。

A．2000 年 1 月 1 日那天，计算机内存中的数据急剧膨胀而导致系统瘫痪

B．会引起计算机系统出现计算错误

C．破坏或丢失磁盘中的数据

D．损坏所有 POS（销售终端）和 ATM（自动提款机）

80．防止 U 盘感染病毒的有效方法是（　　）。

A．不要把干净的 U 盘和有病毒的 U 盘放在一起

B．将 U 盘写保护

C．保持机房清洁

D．定期对 U 盘格式化

81．下面关于计算机病毒的叙述，正确的是（　　）。

A．计算机病毒也是一种程序，起干扰、破坏作用，但不能传染其他计算机

B．计算机病毒可以破坏显示器

C．计算机病毒能够自我复制

D．计算机病毒跟人生病一样

82．下列 4 项中，不属于计算机病毒特征的是（　　）。

A．潜伏性　　B．免疫性

C．传染性　　D．可激活性

83．下列 4 项中，（　　）是计算机病毒程序最本质的特征。

A．潜伏性　　B．针对性

C．传染性　　D．可激活性

84．若发现某 U 盘已经感染上病毒，则可（　　）。

A．换一台计算机再使用该 U 盘上的文件

B．将该 U 盘报废

C．用杀毒软件清除该 U 盘上的病毒或者在确认无病毒的计算机上格式化该 U 盘

D．将该 U 盘上的文件复制到另一个 U 盘上使用

85．计算机病毒所造成的危害是（　　）。

A．使 U 盘腐烂

B．使计算机系统突然掉电

C．使计算机内存芯片损坏

D．破坏计算机系统

86．按破坏性分类，计算机病毒分为（　　）。

A．良性病毒和恶性病毒

B．引导型病毒和文件型病毒

C．单机病毒和网络病毒

D．宏病毒和蠕虫病毒

87．按传播途径分类，计算机病毒分为（　　）。

A．良性病毒和恶性病毒

B．引导型病毒和文件型病毒

C．单机病毒和网络病毒

D．宏病毒和蠕虫病毒

88．文件型病毒传染的对象主要是（　　）类文件。

A．.WPS　　B．.PRG

C．.DBF　　D．.COM 和.EXE

89．目前使用的防病毒软件能（　　）。

A．清除已感染的任何病毒

B．查出已知的病毒，清除部分病毒

C．查出任何已感染的病毒

D．预防任何病毒

90．计算机病毒是（　　）。

A．计算机自身产生的软/硬件故障

B．由于使用计算机的方法不当而产生的软/硬件故障

C．由于计算机内数据存放不当而产生的软/硬件故障

D．人为制造出来的具有破坏性的程序

91．计算机病毒是（　　）。

A．细菌感染　　B．一种被破坏了的程序

C．生物病毒的一种　　D．具有破坏性并能自我复制的程序

92．计算机中的恶性病毒（　　）。

A．无危害

B．恶意攻击计算机硬/软件资源，危害性较大

C．不会传染

D．不会大量占用系统资源，使计算机系统无法正常工作

93．与防病毒卡相比，防病毒软件的优点是（　　）。

A．速度快　　B．不便于升级

C．成本高　　D．安装简单，便于升级

94. 下列关于计算机病毒的说法，正确的是（　　）。

A. 任何一种计算机防病毒工具都可以检测和清除所有病毒

B. 感染病毒的计算机只能格式化硬盘

C. 使用光盘不会感染病毒

D. 网络是病毒普遍的传播途径之一

95. 下列不属于计算机病毒发作时症状的是（　　）。

A. 计算机经常无法正常启动或反复重新启动

B. 计算机运行速度变慢，或者经常出现内存不足、硬盘空间不够的情况

C. 计算机经常出现出错信息、程序工作异常等情况

D. 计算机的显示器被破坏

96. 以下关于宏病毒的说法，正确的是（　　）。

A. 宏病毒主要感染可执行文件

B. 新型宏病毒无法查杀

C. 宏病毒主要感染软盘、硬盘的引导扇区或主引导扇区

D. 凡是具有写宏能力的软件都可能存在宏病毒

97. 下列关于计算机病毒的叙述，错误的是（　　）。

A. 计算机病毒具有破坏性和传染性

B. 计算机病毒不会破坏计算机的显示器

C. 计算机病毒是一种程序

D. 杀毒软件可以杀除所有计算机病毒

98.（　　）是计算机感染病毒的可能途径。

A. 从键盘输入数据　　　　B. 电源不稳定

C. 运行网络上下载的软件　　　　D. U 盘不清洁

99. 以下预防计算机病毒的措施，不正确的是（　　）。

A. 不要使用来历不明的光盘

B. 做好重要文件和数据的备份

C. 定期清洗计算机

D. 不要打开来历不明的电子邮件

100. 计算机信息安全技术分两个层次，第一层次为（　　），第二层次为计算机数据安全。

A. 计算机系统安全　　　　B. 计算机网络安全

C. 计算机硬盘安全　　　　D. 计算机软件安全

101. 计算机系统安全技术又分成两个部分，一个为物理安全技术，另一个为（　　）。

A. 计算机系统安全技术　　　　B. 计算机网络安全技术

C. 计算机硬盘安全技术　　　　D. 计算机软件安全技术

102.（　　）是指喜欢挑战难度，寻找各类计算机系统的漏洞，破解各种密码的计算机高手。

A．骇客　　B．游客

C．黑客　　D．肉鸡

103．我国首次把计算机软件作为一种知识产权列入法律保护范畴的文件是（　　）。

A．《计算机软件保护条例》

B．《中华人民共和国技术合同法》

C．《计算机软件著作权登记办法》

D．《中华人民共和国著作权法》

104．我国已将计算机软件的知识产权列入（　　）权保护范畴。

A．著作　　B．软件

C．技术　　D．合同

附录A 全国计算机等级考试(一级)训练题

附录 A.1　训练题 1

模块一　文件操作（15 分）

按要求完成下列操作：

1．在 D:\下新建一个文件夹 T□，并将 C:\MM1 文件夹中的所有内容复制到 T□文件夹中。（4 分）

2．将 T□\infl 文件夹中的 sa1.txt 文件移动到 T□文件夹中。（3 分）

3.将 T□文件夹中的所有 bak 文件，添加到压缩文件，解压密码为 abc，命名为 zz1.rar。（4 分）

4．删除 T□文件夹中 0 字节的文件（2 个）。（4 分）

模块二　Word 操作（25 分）

打开 T□\infl 文件夹中的 Word 文档 gxdx1.docx，完成如下操作：

1．页面设置：纸张大小为 A4，页边距左、右各为 2.0cm。（3 分）

2．将标题文字“广西大圩古镇”设置为二号、加下画线、居中。（3 分）

3．输入以下文字作为正文第二段，并设置该段的字体颜色为蓝色：（7 分）

到大圩，万寿桥是必去的地方。万寿桥始建于明代，是一座石块砌起的石拱桥，桥面的石头已被磨得溜光发亮，间杂些许小草，古朴自然。桥的西面是漓江，是欣赏漓江及对岸螺蛳山的极佳位置。

4．将正文所有段落设置为：首行缩进 2 字符，行距为最小值 20 磅。（4 分）

5．使用替换功能将文中所有“大墟”一词替换为“大圩”。（3 分）

6．在正文末尾制作如下表格。（5 分）

大圩古镇	景点	
	美食	
	住宿	

7．保存后退出。

模块三　Excel 操作（20 分）

打开 T□\infl 文件夹中的 Excel 文件 cjd01.xlsx，完成以下操作：

1．在 Sheet1 工作表中，用公式或函数计算总成绩和单科平均分（保留 1 位小数）。（8 分）

2．在 Sheet1 工作表中建立如图 A.1 所示的前 5 名同学成绩的簇状柱形图，并嵌入本工作表。（6 分）

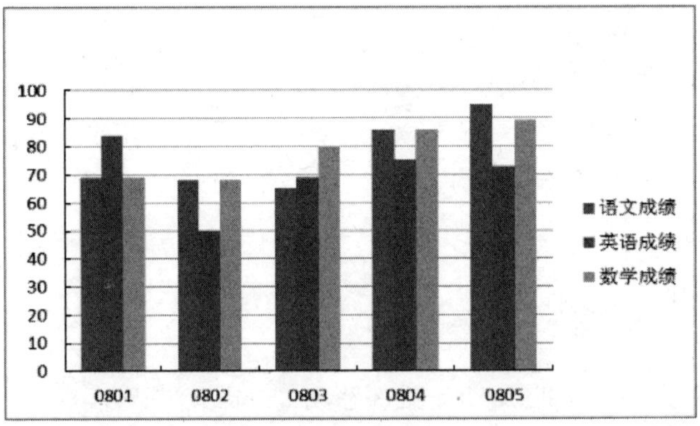

图 A.1　成绩比较图

3．将 Sheet1 工作表重命名为“成绩单”。（2 分）

4．在 Sheet2 工作表中，筛选出 2 科成绩均及格的记录。（4 分）

5．存盘后退出。

模块四　网络操作（20 分）

1．打开 T□中的 gsgk1.html 文件，将该网页中的全部文本，以文件名 gk1.txt 保存到 T□文件夹中。（5 分）

2. 在 T□文件夹中新建一个文本文档 add1.txt，录入并保存本机的 IP 地址。（5 分）

3．启动收发电子邮件软件，编辑电子邮件：（7 分）

收件人地址：（收件人地址考试时指定）

主题：T□文件

正文如下：

组长：您好！

文件在附件里，请查收。

（注：此处输入考生本人姓名）

4. 将 T□文件夹中的 index1.html 文件作为电子邮件附件，邮件以文件名 mail1 另存到 T□文件夹中。（2 分）

5. 发送电子邮件。（1 分）

模块五 多媒体技术基础（20 分）

打开 T□\inf1 文件夹中的演示文稿 pcwh1.pptx，完成以下操作：

1. 为第 1 张幻灯片中的艺术字“中国茶文化”设置超链接，链接到网址：http://www.baidu.com。（4 分）

2. 将第 2 张幻灯片的版式设为“标题和内容”，复制 T□\pqy1.txt 文件中的文本到内容占位符中。（4 分）

3. 设置所有幻灯片切换效果为“溶解”，将换片方式改为“单击鼠标时”。（4 分）

4. 为第 3 张幻灯片中的图片设置动画：进入效果为擦除、上一项之后开始。（4 分）

5. 在第 4 张幻灯片中添加一个结束放映的动作按钮，放映时单击此按钮即结束放映。（4 分）

6. 保存后退出。

附录 A.2 训练题 2

模块一 文件操作（15 分）

按要求完成下列操作：

1. 在 D:\下新建一个文件夹 T□，并将 C:\MM2 文件夹中的所有内容复制到 T□文件夹中。（4 分）

2. 将 T□\inf2 文件夹中的 sa2.bak 文件移动到 T□文件夹中。 （3 分）

3. 将 T□文件夹中 te2.txt 文件重命名 newte2.txt。（4 分）

4. 将 T□文件夹中的 kk2.rar 文件，解压到当前文件夹。（4 分）

模块二 Word 操作（25 分）

打开 T□\inf2 文件夹中的 Word 文档 gxhy2.docx，完成如下操作：

1. 页面设置：纸张大小为 16 开，页边距上、下各为 2.2cm。（3 分）

2. 输入以下文字作为正文最后一段，并设置该段的字体颜色为红色：（7 分）

黄姚古镇土特产有誉美东南亚、具有几百年历史的佐餐调味佳品——黄姚豆豉、滋补佳品——九制黄精等。黄姚豆豉在清朝被列为宫廷贡品，在民国时远销东南亚。豆豉宴，是黄姚的一大特色菜。

3．将正文（除表格外）所有文本设置为楷体、四号。（3 分）

4．将正文（除表格外）所有段落设置为：首行缩进 2 字符，行距为 1.5 倍。（3 分）

5．在正文第 1 段插入 T□文件夹中的图片 hygz2.jpg，设置图片环绕方式为“四周型”。（4 分）

6．对正文中的表格完成以下操作：（5 分）

（1）在第 3 行的下方插入 1 行，将该行行高设置为 1.2cm。

（2）设置所有单元格对齐方式为：垂直和水平方向居中。

7．保存后退出。

模块三　Excel 操作（20 分）

打开 T□\inf2 文件夹中的 Excel 文件 data02.xlsx，完成以下操作：

1．在 Sheet1 工作表中录入运动员编号：001、002、…、007。（3 分）

2．在 Sheet1 工作表中用公式或函数计算总分、最高分、最低分。（7 分）

3．在 Sheet1 中，建立如图 A.2 所示的簇状柱形图，并嵌入本工作表中。（6 分）

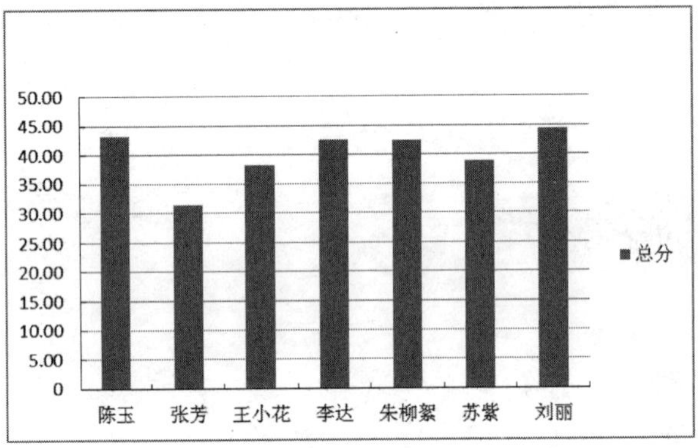

图 A.2　比赛总得分簇状柱形图

4．在 Sheet2 工作表中按“连锁店”分类汇总，求销售额的平均值。（4 分）

5．存盘后退出。

模块四　网络操作（20 分）

1．打开 T□中的 gxgk2.html 文件，将该网页中的全部文本，以文件名 gk2.txt 保存到 T□文件夹中。（5 分）

2．在 T□文件夹中新建一个文本文件 add2.txt，录入并保存本机的 IP 地址。（5 分）

3．启动收发电子邮件软件，编辑电子邮件：（7 分）

收件人地址：（收件人地址考试时指定）

主题：T□文件

正文如下：

组长：您好！

文件在附件里，请查收。

（注：此处输入考生本人姓名）

4．将 T□文件夹中的 logo2.gif 文件作为电子邮件附件，邮件以文件名 mail2 另存到 T□文件夹中。（2 分）

5．发送电子邮件。（1 分）

模块五　多媒体技术基础（20 分）

打开 T□\inf2 文件夹中的演示文稿 pcwh2.pptx，完成以下操作：

1．为第 2 张幻灯片中的文字“7.祛腻消食”设置超链接，链接到第 6 张幻灯片。（4 分）

2．设置第 4 张幻灯片的版式为“标题和内容”，复制 T□\ pgx2.txt 文件中的文本到内容占位符中。（4 分）

3．设置所有幻灯片切换效果为向下擦除、将换片方式改为“单击鼠标时”。（4 分）

4．对第 4 张幻灯片中的图片设置动画：进入效果为“飞入”、上一项之后开始。（4 分）

5．设置自定义放映，顺序为：第 2 张→第 4 张→第 3 张，自定义放映名称为：茶保健。（4 分）

6．保存后退出。

附录 A.3　训练题 3

模块一　文件操作（15 分）

按要求完成下列操作：

1．在 D:\下新建一个文件夹 T□，并将 C:\MM3 文件夹中的所有内容复制到 T□文件夹中。（4 分）

2．将 T□\inf3 文件夹中的 sa3.bak 文件移动到 T□文件夹中。（3 分）

3．删除 T□文件夹中 0 字节的文件（2 个）。（4 分）

4．将 T□文件夹中所有 RTF 格式的文件，添加到压缩文件，解压密码为 123，命名为 zz3.rar。（4 分）

模块二　Word 操作（25 分）

打开 T□\inf3 文件夹中的 Word 文档 gxym3.docx，完成如下操作：

1．页面设置：设置纸张大小为 A4，页边距左、右各为 2.2cm。（3 分）

2．将标题文字“扬美古镇——人心向美，仰美扬美”设置为：二号、加粗、居中。（3 分）

3．输入以下文字作为正文第二段，并设置该段的字体颜色为蓝色：（7 分）

扬美古镇景点最著名的当属扬美古八景：龙潭夕照、雷峰积翠、剑插清泉、亭对江流、金滩月夜、青坡怀古、阁望云霞、滩松相呼，至今仍旧可寻，留下了丰富的自然、人文景观。

4．将正文（除表格外）所有段落设置为：首行缩进 2 字符，多倍行距 1.2 倍。（4 分）

5．在正文中插入 T□文件夹中的图片 ymgz3.jpg，设置图片环绕方式为“紧密型”。（3 分）

6．对正文中的表格完成以下操作：（5 分）

（1）合并第一列所有单元格；并设其列宽为 2cm。

（2）设置所有单元格对齐方式为：垂直和水平方向居中。

7．保存后退出。

模块三　Excel 操作（20 分）

打开 T□\inf3 文件夹中的 Excel 文件 gz03.xlsx。

1．在 Sheet1 工作表中，用公式或函数计算最大值及应发工资（应发工资=基本工资+岗位津贴-水电费）。（7 分）

2．在 Sheet1 中建立如图 A.3 所示基本工资的三维簇状柱形图，并嵌入本工作表中。（6 分）

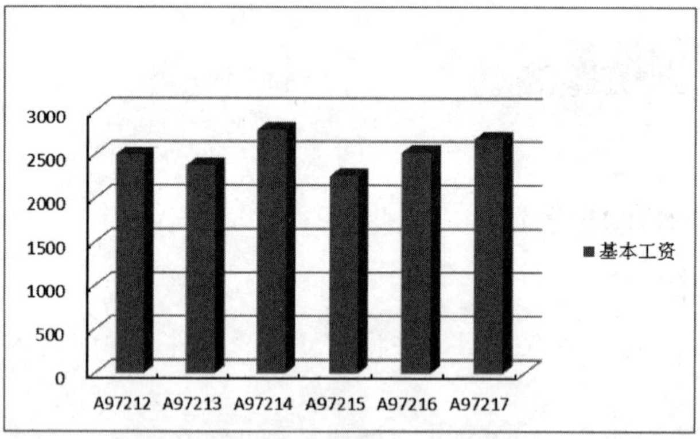

图 A.3　基本工资比较图

3．在 Sheet1 中，将 A2:F9 的全部数据设为水平居中。（3 分）

4．在 Sheet2 工作表中，筛选出性别为“男”且基本工资大于 2 500 的记录。（4 分）

5．存盘后退出。

模块四　网络操作（20 分）

1．打开 T□中的 nmgk3.html 文件，将该网页中的全部文本，以文件名 gk3.txt 保存

到 T□文件夹中。（5 分）

2．在 T□文件夹中新建一个文本文档 add3.txt，录入并保存本机的 IP 地址。（5 分）

3．启动收发电子邮件软件，编辑电子邮件：（7 分）

收件人地址：（收件人地址考试时指定）

主题：T□文件

正文如下：

组长：您好！

文件在附件里，请查收。

（注：此处输入考生本人姓名）

4．将 T□文件夹中的 logo3.gif 文件作为电子邮件附件，邮件以文件名 mail3 另存到 T□文件夹中。（2 分）

5．发送电子邮件。（1 分）

模块五 多媒体操作（20 分）

打开 T□\inf3 文件夹中的演示文稿 pcwh3.pptx，完成以下操作：

1．在第 2 张幻灯片中，为文字“洞庭碧螺春茶”设置超链接，链接到第 4 张幻灯片。（4 分）

2．对第 3 张幻灯片的标题设置动画：进入效果为“飞入”、上一项之后开始。（4 分）

3．将第 6 张幻灯片的版式设为“标题和内容”，复制 T□\pmc3.txt 文件中的文本到内容占位符内。（4 分）

4．设置所有幻灯片切换效果为菱形、将换片方式改为“单击鼠标时”。（4 分）

5．设置自定义放映，顺序为：第 2 张→第 6 张→第 3 张，自定义放映名称为：名茶。（4 分）

6．存盘后退出。

附录 A.4 训练题 4

模块一 文件操作（15 分）

按要求完成下列操作：

1．在 D:\下新建一个文件夹 T□，并将 C:\MM4 文件夹中的所有内容复制到 T□文件夹中。（4 分）

2．将 T□\inf4 文件夹中的 sa4.bak 文件移动到 T□文件夹中。（3 分）

3．将 T□文件夹中的 jie4.rar 文件，解压到当前文件夹。（4 分）

4．删除 T□文件夹中 0 字节的文件（2 个）。（4 分）

模块二　Word 操作（25 分）

打开 T□\inf4 文件夹中的 Word 文档 gxxa4.docx，完成如下操作：

1．页面设置：页边距左、右各为 2.0cm，纸张大小为 A4。（3 分）

2．将标题文字“兴安古镇”设置为：二号、黑体、居中。（3 分）

3．输入以下文字作为正文第三段，并设置该段的字体颜色为红色：（7 分）

溯灵渠而上，近千米的灵渠水街，向我们展示了一幅具有浓郁岭南风情的市井画图，再现了清代诗人苏宗经曾经描绘的水街：“径缘桥底入，舟向市中穿；桨棹挥波易，蓬窗买酒便。”

4．将正文所有段落设置为：首行缩进 2 字符，行距为最小值 19 磅。（3 分）

5．在正文中插入 T□文件夹中的图片 xagz4.jpg，设置图片环绕方式为“四周型”。（4 分）

6．在正文末尾制作如下表格，设置所有单元格对齐方式为：垂直和水平方向居中。（5 分）

<table>
<tr><td rowspan="3">兴安古镇</td><td>看点</td><td></td></tr>
<tr><td>美食</td><td></td></tr>
<tr><td>住宿</td><td></td></tr>
</table>

7．保存后退出。

模块三　Excel 操作（20 分）

打开 T□\inf4 文件夹中的 Excel 文件 xsb04.xlsx。

1．在 Sheet1 工作表中，将 A1:G1 合并及居中。（3 分）

2．在 Sheet1 工作表中，用公式或函数计算销售额及利润。其中：销售额=售价×销售量；利润=（售价-进价）×销售量。（7 分）

3．在 Sheet1 工作表中，建立如图 A.4 所示的簇状条形图，并嵌入本工作表中。（6 分）

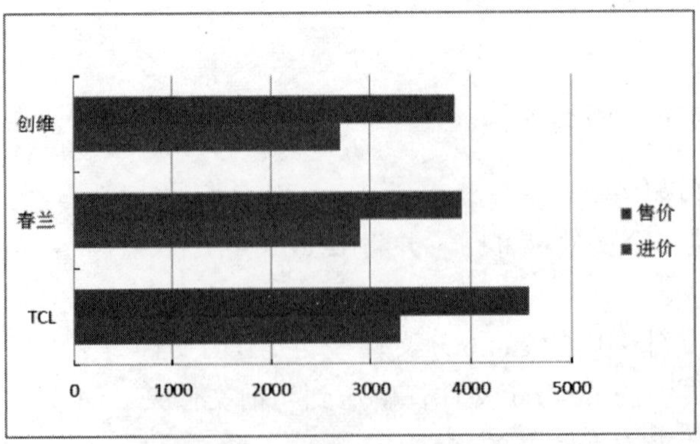

图 A.4　电视机价格比较图

4. 在 Sheet2 工作表中，按“品种”分类汇总，求销售额的平均值。（4 分）

5. 存盘后退出。

模块四 网络操作（20 分）

1. 打开 T□中的 nxgk4.html 文件，将该网页中的全部文本，以文件名 gk4.txt 保存到 T□文件夹中。（5 分）

2. 在 T□文件夹中新建一个文本文件 add4.txt，录入并保存本机的 IP 地址。（5 分）

3. 启动收发电子邮件软件，编辑电子邮件：（7 分）

收件人地址：（收件人地址考试时指定）

主题：T□文件

正文如下：

组长：您好！

文件在附件里，请查收。

（注：此处输入考生本人姓名）

4. 将 T□文件夹中的 logo4.gif 文件作为电子邮件附件，邮件以文件名 mail4 另存到 T□文件夹中。（2 分）

5. 发送电子邮件。（1 分）

模块五 多媒体操作（20 分）

打开 T□\inf4 文件夹中的演示文稿 pcwh4.pptx，完成以下操作：

1. 在第 1 张幻灯片前插入一张新幻灯片，设置版式为“标题幻灯片”，在标题栏输入“中国茶文化”，字号设置为 88。（4 分）

2. 为第 2 张幻灯片的标题设置动画：进入效果为飞入、单击鼠标开始。（4 分）

3. 为第 4 张幻灯片中的图片设置超链接，链接到网址：http://www.baidu.com。（4 分）

4. 设置所有幻灯片切换效果为“溶解”、将换片方式改为“单击鼠标时”。（4 分）

5. 设置自定义放映，顺序为：第 1 张→第 4 张→第 2 张，自定义放映名称为：红茶。（4 分）

6. 存盘后退出 PowerPoint 。

附录 A.5 训练题 5

模块一 文件操作（15 分）

按要求完成下列操作：

1. 在 D:\下新建一个文件夹 T□，并将 C:\MM5 文件夹中的所有内容复制到 T□文

件夹中。（4 分）

2．将 T□\inf5 文件夹中的 sa5.bak 文件移动到 T□文件夹中。（3 分）

3．删除 T□文件夹中 0 字节的文件（2 个）。（4 分）

4．将 T□文件夹中所有文本文档，添加到压缩文件，解压密码为 456，命名为 zz5.rar。（4 分）

模块二　Word 操作（25 分）

打开 T□\inf5 文件夹中的 Word 文档 gxxp5.docx，完成以下操作：

1．页面设置：纸张大小为 A4；页边距左、右各为 2.3cm。（3 分）

2．将标题文字“兴坪古镇”设置为二号、黑体、居中。（3 分）

3．输入以下文字作为正文第二段，并设置该段的字体颜色为蓝色：（7 分）

兴坪古街临江段有乾元桥，任凭历史变迁，古桥仍然屹立在那里，但桥面路上的石板光滑平整，昔日廊桥檐口滴水形成石板面上的小坑，清晰可见，站在桥面上，不由得让人们缅怀它悠久的历史。

4．将正文第一段分为等宽的两栏，栏间距设置为 3 字符。（3 分）

5．设置正文各段落的格式（表格除外）：首行缩进 2 字符，行距为固定值 18 磅。（4 分）

6．对表格完成以下操作：（5 分）

（1）在表格第 1 行的上方插入 1 行，合并插入行的所有单元格，输入“兴坪古镇”。

（2）设置所有单元格对齐方式为：垂直和水平方向居中。

7．保存后退出。

模块三　Excel 操作（20 分）

打开 T□\inf5 文件夹中的 Excel 文件 gxb05.xlsx，完成以下操作：

1．为 Sheet1 的“序号”列录入：001，…，008。（4 分）

2．在 Sheet1 工作表中，利用公式或函数求原工资最大值，并计算浮动额（浮动额=原工资×浮动率）将小数位数设置为 2 位。（6 分）

3．在 Sheet1 中建立如图 A.5 所示的三维簇状条形图，并嵌入本工作表中。（6 分）

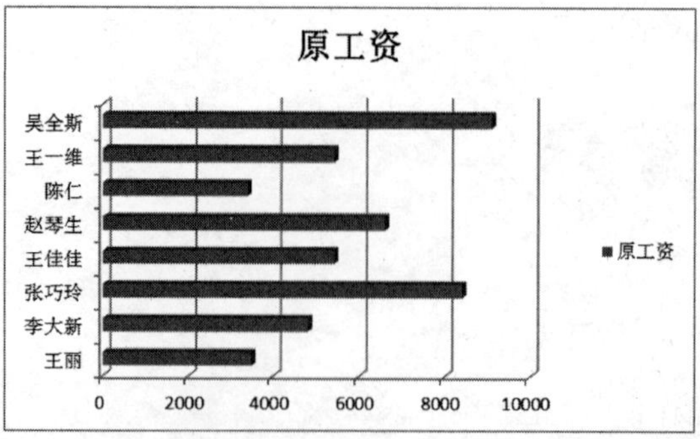

图 A.5　三维簇状条形图

4．在 Sheet2 工作表中，按“性别”分类汇总，计算原工资的平均值。（4 分）

5．存盘后退出。

模块四　网络操作（20 分）

1．打开 T□中的 qhgk5.html 文件，将该网页中的全部文本，以文件名 gk5.txt 保存到 T□文件夹中。（5 分）

2．在 T□文件夹中新建一个文本文档 add5.txt，录入并保存本机的 IP 地址。（5 分）

3．启动收发电子邮件软件，编辑电子邮件：（7 分）

收件人地址：（收件人地址考试时指定）

主题：T□文件

正文如下：

组长：您好！

　　文件在附件里，请查收。

（注：此处输入考生本人姓名）

4．将 T□文件夹中的 logo5.gif 文件作为电子邮件附件，邮件以文件名 mail5 另存到 T□文件夹中。（2 分）

5．发送电子邮件。（1 分）

模块五　多媒体技术基础（20 分）

打开 T□\inf5 文件夹中的演示文稿 pcwh5.pptx，完成以下操作：

1．第 1 张幻灯片中的文字“大数据”设置链接到第 4 张幻灯片。（4 分）

2．为第 2 张幻灯片的标题设置动画：进入效果为“擦除”、上一项之后开始。（4 分）

3．在最后一张幻灯片之后插入一张新幻灯片，版式设为“空白”，在该幻灯片内插入 T□文件夹中的图片 pce5.jpg。（4 分）

4．设置所有幻灯片切换效果为“溶解”、将换片方式改为“单击鼠标时”。（4 分）

5．设置自定义放映，顺序为：第 1 张→第 5 张→第 2 张，自定义放映名称为：大数据。（4 分）

6．保存后退出。

附录 A.6　训练题 6

模块一　文件操作（15 分）

按要求完成下列操作：

1．在 D:\下新建一个文件夹 T□，并将 C:\MM6 文件夹中的所有内容复制到 T□文件夹中。（4 分）

2．将 T□\inf6 文件夹中的 sa6.bak 文件移动到 T□文件夹中。（3 分）

3．将 T□文件夹中的 zz6.rar 文件，解压到当前文件夹。（4 分）

4．删除 T□文件夹中 0 字节的文件（2 个）。（4 分）

模块二　Word 操作（25 分）

打开 T□\inf6 文件夹中的 Word 文档 gxzd6.docx，完成以下操作：

1．页面设置：纸张大小为 A4；页边距上、下各为 2.2cm。（3 分）

2．将标题文字“中渡古镇”设置为二号、加粗、居中。（3 分）

3．输入以下文字作为正文第二段，并设置该段的字体颜色为红色：（7 分）

这一对屹立于洛清江江边的古老榕树有着 600 多年的历史，历经岁月沧桑。这里至今保留有古城门、城墙、商号。据史书记载，大旅行家徐霞客当年就是顺着这条洛清江漂流而下直抵柳州的。

4．将正文（除表格外）各段落设置首行缩进 2 字符，行距为最小值 20 磅。（3 分）

5．在正文中插入 T□文件夹中的图片 zdgz6.jpg，设置图片环绕方式为“四周型”。（4 分）

6．对文档末尾的表格完成以下操作：（5 分）

（1）合并第 1 行所有单元格，设置所有单元格对齐方式为：垂直和水平方向居中。

（2）在表格第 2 行的下方插入 1 行。

7．保存后退出。

模块三　Excel 操作（20 分）

打开 T□\inf6 文件夹中的 Excel 文件 xscj06.xlsx。

1．在 Sheet1 工作表中，利用公式或函数计算最高分、最低分、平均分。（7 分）

2．在 Sheet1 中建立如图 A.6 所示的三维簇状柱形图，并嵌入本工作表中。（6 分）

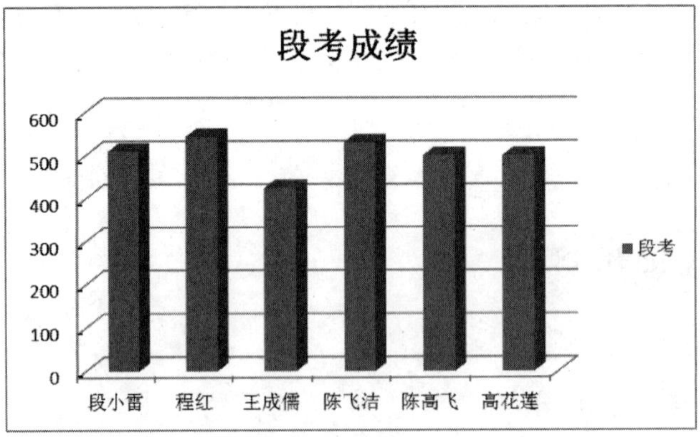

图 A.6　段考成绩三维簇状柱形图

3．在 Sheet1 工作表中，将 A1:H1 合并及居中，设置其中的文字大小为 20。（3 分）

4．在 Sheet2 工作表中，筛选出性别为男且段考成绩大于等于 500 的记录。（4 分）

5．存盘后退出。

模块四　网络操作（20 分）

1．打开 T□中的 sxgk6.html 文件，将该网页中的全部文本，以文件名 gk6.txt 保存到 T□文件夹中。（5 分）

2．在 T□文件夹中新建一个文本文档 add6.txt，录入并保存本机的 IP 地址。（5 分）

3．启动收发电子邮件软件，编辑电子邮件：（7 分）

收件人地址：（收件人地址考试时指定）

主题：T□文件

正文如下：

组长：您好！

文件在附件里，请查收。

（注：此处输入考生本人姓名）

4．将 T□文件夹中的 ret6.gif 文件作为电子邮件附件，邮件以文件名 mail6 另存到 T□文件夹中。（2 分）

5．发送电子邮件。（1 分）

模块五　多媒体技术基础（20 分）

打开 T□\inf6 文件夹中的演示文稿 pcwh6.pptx，完成以下操作：

1．为第 1 张幻灯片标题“低头族”设置超链接，链接到网址：http://baike.baidu.com（4 分）

2．将第 2 张幻灯片的版式设为“标题和内容”，在内容占位符中插入 T□文件夹中的图片文件 pce6.jpg。（4 分）

3．设置所有幻灯片切换效果为“溶解”、将换片方式改为“单击鼠标时”。（4 分）

4．为第 3 张幻灯片的标题“身边的亲人　远方的心”设置动画：进入效果为“缩放”、单击鼠标时开始。（4 分）

5．设置自定义放映，顺序为：第 2 张→第 3 张→第 1 张，自定义放映名称为：难舍屏幕。（4 分）

6．存盘，退出 PowerPoint。

附录 A.7　训练题 7

模块一　文件操作（15 分）

按要求完成下列操作：

1．在 D:\下新建一个文件夹 T□，并将 C:\MM7 文件夹中的所有内容复制到 T□文件夹中。（4 分）

2．将 T□\inf7 文件夹中的 sa7.bak 文件移动到 T□文件夹中。（3 分）

3．删除 T□文件夹中 0 字节的文件（2 个）。（4 分）

4. 将 T□文件夹中所有文本文档，添加到压缩文件，解压密码为 123，命名为 zz7.rar。（4 分）

模块二　Word 操作（25 分）

打开 T□\inf 7 文件夹中的 Word 文档 gxfl7.docx，完成下列操作：

1．页面设置：纸张大小为 A4；页边距左、右各 2.4cm。（3 分）

2．将标题段文字“福莉古镇”设置为三号字、加粗、居中。（3 分）

3．输入以下文字作为正文的第四段，并设置该段字体的颜色为蓝色：（7 分）

阳朔福利历史文化悠久，造就了许多能人巧匠。阳朔福利几乎每家每户都能画画，这里是全国最有名的国画镇之一，被称之为“中国画扇之乡”，因此也是全国最大的画扇生产基地之一。

4．设置正文各段落首行缩进 2 字符，行距为多倍行距 1.25 倍。（4 分）

5．使用替换功能将文中所有“福莉”一词替换为“福利”。（3 分）

6．在文本末尾制作如下表格，设置所有单元格对齐方式为：垂直和水平方向居中。（5 分）

<table>
<tr><td colspan="3">福利古镇</td></tr>
<tr><td>三宫</td><td>三街</td><td>三石</td></tr>
<tr><td></td><td></td><td></td></tr>
</table>

7．保存后退出。

模块三　Excel 操作（20 分）

打开 T□\inf7 文件夹中的 Excel 文件 jyqk07.xlsx，完成以下操作：

1．在 Sheet1 工作表中，用公式或函数计算最小值和就业率（就业率=就业人数/总人数），将就业率设为百分比样式、小数位数设置为 2 位。（7 分）

2．在 Sheet1 工作表中，建立如图 A.7 所示的各班就业情况的簇状条形图，并嵌入本工作表中。（6 分）

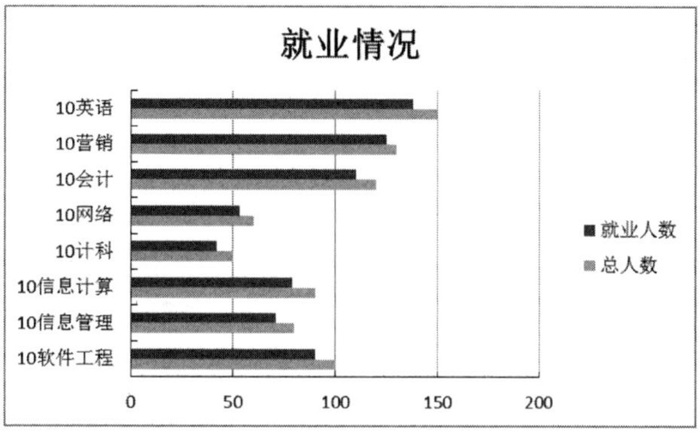

图 A.7　就业情况簇状条形图

3．为 Sheet1 工作表做一个备份，并命名为“就业表”。（3 分）

4．在 Sheet2 工作表中，筛选出系部名称为计算机系且总人数大于 70 的记录。（4 分）

5．存盘后退出。

模块四　网络操作（20 分）

1．打开 T□中的 scgk7.html 文件，将该网页中的全部文本，以文件名 gk7.txt 保存到 T□文件夹中。（5 分）

2．在 T□文件夹中新建一个文本文档 add7.txt，录入并保存本机的 IP 地址。（5 分）

3．启动收发电子邮件软件，编辑电子邮件：（7 分）

收件人地址：（收件人地址考试时指定）

主题：T□文件

正文如下：

组长：您好！

文件在附件里，请查收。

（注：此处输入考生本人姓名）

4．将 T□文件夹中的 logo7.gif 文件作为电子邮件附件，邮件以文件名 mail7 另存到 T□文件夹中。（2 分）

5．发送电子邮件。（1 分）

模块五　多媒体技术基础（20 分）

打开 T□\inf7 文件夹中的演示文稿 pcwh7.pptx，完成以下操作：

1．在第 1 张幻灯片中插入艺术字“巴马长寿村”（样式任意），字体为黑体，文字大小为 80。（4 分）

2．设置所有幻灯片切换：效果为“溶解”、将换片方式改为“单击鼠标时”。（4 分）

3．为第 2 张幻灯片中的文字“可滋泉水”设置超链接，链接到第 4 张幻灯片。（4 分）

4．为第 4 张幻灯片的图片设置动画：进入效果为“轮子”、上一项之后开始。（4 分）

5．设置自定义放映，顺序为：第 1 张→第 4 张→第 2 张，自定义放映名称为：巴马。（4 分）

6．保存后退出。

附录 A.8　训练题 8

模块一　文件操作（15 分）

按要求完成下列操作：

1．在 D:\下新建一个文件夹 T□，并将 C:\MM8 文件夹中的所有内容复制到 T□文件夹中。（4 分）

2．将 T□\inf8 文件夹中的 sa8.bak 文件移动到 T□文件夹中。（3 分）

3．将 T□文件夹中的 zz8.rar 文件，解压到当前文件夹。（4 分）

4．删除 T□文件夹中 0 字节的文件（2 个）。（4 分）

模块二　Word 操作（25 分）

打开 T□\inf8 文件夹中的 Word 文档 gxby8.docx，按要求完成下列操作：

1．页面设置：设置纸张大小为 16 开；页边距上、下各为 2.5cm。（3 分）

2．将标题文字“剥益古镇”设置为黑体、三号、居中。（3 分）

3．输入以下文字作为正文第三段，并设置该段的字体颜色为蓝色：（7 分）

看点：美丽的古镇，美丽的出浴女子，壮家女子有在驮娘江里合衣而浴的传统，这是一道不一样的风景。距离富宁县城 40 多千米有个八宝镇，布满池塘水泽、瀑布溶洞，出产著名的八宝贡米。

4．将正文（除表格外）所有段落格式设置为：首行缩进 2 字符，段前间距为 0.5 行。（4 分）

5．在正文中插入 T□文件夹中的图片 bygz8.jpg，设置图片环绕方式为“紧密型”。（3 分）

6．对文档中的表格完成以下操作：（5 分）

（1）在表格第 3 行的下方插入一行；设置各行行高为 1.2cm。

（2）设置表格所有单元格对齐方式为：垂直和水平方向居中。

7．存盘后退出。

模块三　Excel 操作（20 分）

打开 T□\inf8 文件夹中的 Excel 文件 xsb08.xlsx，完成以下操作：

1．在 Sheet1 工作表中，用条件格式将 B3:G14 区域中大于 40 的数据文本颜色设为

红色。（3 分）

2．在 Sheet1 工作表中用公式或函数计算总销售额和平均销售额。（7 分）

3．在 Sheet1 中建立如图 A.8 所示的花生销售额各月走势的折线图，并嵌入本工作表中。（6 分）

图 A.8 花生销售额各月走势折线图

4．在 Sheet2 工作表中，筛选出花生、黄豆均大于 30 的记录。（4 分）

5．存盘后退出。

模块四 网络操作（20 分）

1．打开 T□中的 xzgk8.html 文件，将该网页中的全部文本，以文件名 gk8.txt 保存到 T□文件夹中。（5 分）

2．在 T□文件夹中新建一个文本文档 add8.txt，录入并保存本机的 IP 地址。（5 分）

3．启动收发电子邮件软件，编辑电子邮件：（7 分）

收件人地址：（收件人地址考试时指定）

主题：T□文件

正文如下：

组长：您好！

文件在附件里，请查收。

（注：此处输入考生本人姓名）

4．将 T□文件夹中的 logo8.gif 文件作为电子邮件附件，邮件以文件名 mail8 另存到 T□文件夹中。（2 分）

5．发送电子邮件。（1 分）

模块五 多媒体技术基础（20 分）

打开 T□\inf8 文件夹中的演示文稿 pcwh8.pptx 文件，完成以下操作：

1. 为第 1 张幻灯片标题文字“春节”设置超链接，链接到网址：http://www.chinaso.com（4 分）

2．为第 2 张幻灯片的图片设置动画：进入效果为“飞入”、单击鼠标时开始。（4 分）

3．在最后一张幻灯片之后插入一张新幻灯片，版式设为“标题和内容”，在内容占位符中插入 T□文件夹中的图片 pce8.jpg。（4 分）

4．设置所有幻灯片切换效果为“切出”、换片方式为“单击鼠标时”。（4 分）

5．设置自定义放映，顺序为：第 2 张→第 1 张→第 4 张，自定义放映名称为：压岁钱。（4 分）

6．保存后退出。

附录B 习题参考答案

习题 1 计算机概论参考答案

一、填空题

1. 程序
2. 三
3. 智能化
4. 冯·诺依曼
5. 二进制
6. 一级汉字、二级汉字两个
7. 抽象和自动化
8. 输入
9. 0
10. 人工智能

二、单项选择题

1．C　2．D　3．B　4．C　5．B　6．A　7．C　8．A　9．C
10．B　11．B　12．D　13．A　14．B　15．D　16．D　17．A　18．B
19．A　20．A　21．B　22．C　23．A　24．D　25．D　26．D　27．A
28．D　29．B　30．A　31．C　32．A　33．D　34．C　35．A　36．D
37．B　38．B　39．B　40．C　41．C　42．B　43．C　44．C　45．C
46．D　47．C　48．D　49．B　50．A

习题 2　计算机系统组成参考答案

一、填空题

1. 输入设备　2. 输出设备　3. 位　4. 字节
5. 编号　6. 直接执行
7. 计算机能直接识别和执行的程序
8. 二进制形式
9. 针对各类应用问题而专门开发的软件
10. 使用汇编语言或高级语言编写的程序

二、单项选择题

1. A　2. C　3. B　4. A　5. A　6. B　7. B　8. C　9. B
10. B　11. C　12. C　13. A　14. A　15. D　16. D　17. A　18. D
19. A　20. A　21. B　22. D　23. A　24. A　25. A　26. C　27. D
28. C　29. D　30. C　31. C　32. B　33. B　34. A　35. C　36. A
37. D　38. B　39. A　40. D　41. B　42. A　43. A　44. B　45. B
46. A　47. A　48. D　49. A　50. A　51. A　52. D　53. C　54. C
55. A　56. B　57. C　58. A　59. D　60. C　61. D　62. D　63. B
64. A　65. C

习题 3　Windows 10 操作系统实验参考答案

一、填空题

1. 处理器管理　2. 微型机操作系统　3. 分时操作系统　4. 扩展分区
5. NTFS　6. 实时系统　7. 管理系统资源　8. \ / : * ? " < > |
9. .txt　10. 操作系统　11. 文件夹　12. c:\windows

二、单项选择题

1. D　2. C　3. D　4. D　5. D　6. B　7. D　8. A　9. D
10. B　11. B　12. A　13. C　14. D　15. A　16. D　17. C　18. B
19. D　20. A　21. A　22. D　23. C　24. A　25. A　26. B　27. B
28. C　29. A　30. D　31. B.　32. C　33. B　34. A　35. D　36. C

37. C	38. A	39. D	40. B	41. A	42. B	43. D	44. C	45. A
46. C	47. B	48. C	49. D	50. D	51. B	52. A	53. B	54. D
55. C	56. A	57. C	58. C	59. B	60. D	61. D	62. C	63. A
64. C	65. A	66. C	67. C	68. C	69. A	70. B	71. C	72. A
73. D	74. D	75. C	76. C	77. A	78. D	79. C	80. B	81. A
82. B	83. C	84. D	85. A	86. D	87. B	88. B	89. C	90. C
91. A	92. D	93. B	94. D	95. B	96. C	97. A	98. C	99. C
100. A	101. B	102. B	103. D	104. D	105. D	106. A	107. C	108. D
109. C	110. B	111. C	112. C	113. B	114. A	115. B	116. D	117. C

习题 4 Word 文字处理参考答案

一、填空题

1. 输入 处理 输出
2. 文字信息数字化
3. 查找
4. Caps Lock
5. 页面
6. 外存 内存
7. 文档 1
8. Alt
9. 撤销
10. 显示比例

二、单项选择题

1. C	2. B	3. A	4. B	5. C	6. D	7. B	8. B	9. A
10. B	11. B	12. A	13. D	14. A	15. B	16. C	17. C	18. D
19. A	20. D	21. B	22. A	23. B	24. D	25. D	26. D	27. B
28. D	29. C	30. C	31. B	32. B	33. C	34. D	35. A	36. B
37. D	38. A	39. A	40. B	41. B	42. D	43. C	44. D	45. A
46. D	47. D	48. D	49. A	50. C				

习题 5 Excel 电子表格参考答案

一、填空题

1. xlsx
2. 工作表
3. Sheet2 （2）
4. 条件格式
5. =
6. 绝对

7. 筛选
8. 排序
9. 数据透视表
10. 打印区域

二、单选题

1. A 2. C 3. D 4. D 5. A 6. A 7. D 8. D 9. C
10. D 11. B 12. B 13. D 14. C 15. A 16. B 17. B 18. C
19. A 20. A 21. C 22. C 23. B 24. C 25. A 26. D 27. A
28. D 29. A 30. C 31. B 32. C 33. C 34. D 35. B 36. B
37. D 38. A 39. B 40. C 41. B 42. C 43. A 44. C 45. D
46. A 47. B 48. C 49. D 50. B

习题 6 多媒体技术参考答案

一、填空题

1. 媒体
2. 多种媒体信息的集合
3. 交互性
4. 采样 量化 编码
5. 超声波
6. 无损压缩 有损压缩
7. 矢量图
8. 色彩深度
9. 分辨率
10. 幻灯片母版

二、单项选择题

1. C 2. D 3. A 4. B 5. C 6. D 7. C 8. B 9. A
10. A 11. B 12. A 13. D 14. C 15. B 16. C 17. C 18. D
19. A 20. D 21. D 22. A 23. B 24. D 25. D 26. D 27. B
28. D 29. A 30. C 31. B 32. B 33. C 34. D 35. A 36. B
37. D 38. C 39. A 40. B 41. B 42. A 43. C 44. D 45. B
46. D 47. D 48. C 49. A 50. D

习题 7 计算机网络与信息安全参考答案

一、填空题

1. 实现资源共享
2. 局域网 城域网 广域网
3. 广域网
4. 网络硬件
5. 光纤
6. 网卡

7．拓扑结构　8．ISP 某台主机的域名　9．超文本传输协议
10．在　11．邮件发送服务器　12．TCP/IP
13．ARPA　14．中国 教育　15．统一资源定位器
16．128　17．良性病毒和恶性病毒　18．1990
19．计算机程序　20．网络

二、单项选择题

1．B　2．C　3．A　4．C　5．B　6．D　7．B　8．C　9．B
10．B　11．C　12．D　13．D　14．B　15．B　16．C　17．B　18．D
19．A　20．B　21．D　22．C　23．C　24．D　25．C　26．B　27．D
28．C　29．A　30．C　31．C　32．C　33．B　34．C　35．A　36．B
37．A　38．D　39．D　40．D　41．A　42．B　43．A　44．D　45．B
46．D　47．A　48．D　49．B　50．B　51．C　52．D　53．C　54．C
55．D　56．C　57．C　58．B　59．A　60．C　61．D　62．B　63．A
64．D　65．A　66．A　67．C　68．B　69．B　70．B　71．C　72．A
73．D　74．C　75．B　76．C　77．C　78．D　79．B　80．B　81．C
82．B　83．C　84．C　85．D　86．A　87．C　88．D　89．B　90．D
91．D　92．B　93．D　94．D　95．D　96．D　97．D　98．C　99．C
100．A　101．B　102．C　103．D　104．A

参 考 文 献

[1] 教育部考试中心．全国计算机等级考试一级教程——计算机基础及 MS Office 应用上机指导（2019 年版）．北京：高等教育出版社，2018

[2] 陈晓文，熊曾刚，王曙霞．大学计算机基础实验教程．北京：清华大学出版社，2019

[3] 龚沛曾，杨志强．大学计算机上机实验指导与测试（第 7 版）．北京：高等教育出版社，2017

[4] 骆斯文，黎升洪，刘喜平．大学计算机基础实验教程．北京：科学出版社，2019

[5] 余益，姚怡．大学计算机实验指导与习题集．北京：中国铁道出版社，2016

[6] 陈雪飞，晏再庚．Excel 数据管理与分析．北京：中国轻工业出版社，2017

[7] 一线文化．Excel 2016 商务办公技能+技巧+实战应用大全．北京：中国铁道出版社，2017

[8] 德胜书坊．Office 2016 办公三合一 Word/Excel/PPT．北京：中国青年出版社，2017

反侵权盗版声明

举报电话：（010）88254396；（010）88258888

传　　真：（010）88254397

E-mail：　dbqq@phei.com.cn

通信地址：北京市海淀区万寿路 173 信箱

　　　　　电子工业出版社总编办公室

邮　　编：100036